高等学校电子信息类"十三五"规划教材

大学计算机基础实验教程

主 编 李 霞
副主编 王琴竹 李 妮

西安电子科技大学出版社

内容简介

本书是与《大学计算机基础》(李霞主编，西安电子科技大学出版社出版)配合使用的实验指导书。

本书内容丰富，以任务驱动贯穿始终，旨在培养学生的应用能力。本书共 8 章，主要内容包括：计算机基础、操作系统基础、演示文稿制作软件 PowerPoint 2010、文字处理软件 Word 2010、电子表格处理软件 Excel 2010、计算机网络、网站开发实用技术和多媒体技术简介等。

本书既可作为普通高等学校非计算机专业大学计算机基础课程的实验教材，也可供广大计算机爱好者使用。

图书在版编目(CIP)数据

大学计算机基础实验教程/李霞主编. —西安：西安电子科技大学出版社，2017.11
 ISBN 978-7-5606-4731-9

Ⅰ.① 大… Ⅱ.① 李… Ⅲ.① 电子计算机—高等学校—教学参考资料 Ⅳ.① TP3

中国版本图书馆 CIP 数据核字(2017)第 268600 号

策　　划　杨丕勇
责任编辑　滕卫红　阎　彬
出版发行　西安电子科技大学出版社(西安市太白南路 2 号)
电　　话　(029)88242885　88201467　　　邮　编　710071
网　　址　www.xduph.com　　　　　电子邮箱　xdupfxb001@163.com
经　　销　新华书店
印刷单位　陕西天意印务有限责任公司
版　　次　2017 年 11 月第 1 版　　2017 年 11 月第 1 次印刷
开　　本　787 毫米×1092 毫米　1/16　印张 11.5
字　　数　271 千字
印　　数　1～5000 册
定　　价　29.00 元

ISBN 978-7-5606-4731-9/TP
XDUP 5023001-1
如有印装问题可调换

前　言

本书是与《大学计算机基础》(李霞主编，西安电子科技大学出版社出版)配合使用的实验指导书。

《大学计算机基础》是根据"教育部高等学校非计算机专业计算机基础课程教学指导分委员会"提出的大学计算机基础课程教学大纲，结合当前计算机基础教育的形势和任务，以"面向应用、突出实践、着眼能力"为原则编写而成的。《大学计算机基础》全面系统地介绍了计算机基础、Windows 7 操作系统、Office 2010 办公软件、计算机网络、网站开发实用技术、多媒体技术以及软件技术基础和数据组织等方面的知识。《大学计算机基础》体系完善，结构新颖：引入了任务驱动教学法，以真实任务为驱动，激发学生的学习兴趣，促进学生学习能力、探索发现能力、创新应用能力的培养和个性化发展。

本书是为配合《大学计算机基础》编写而成的，全书共分为 8 章，具体内容安排如下：

第 1 章计算机基础，主要内容包括自主学习、熟悉微型计算机硬件系统、安装微型计算机操作系统以及安装与管理应用软件。

第 2 章操作系统基础，主要内容包括自主学习、Windows 7 的基本操作以及文件与文件夹的管理。

第 3 章演示文稿制作软件 PowerPoint 2010，主要内容包括自主学习、PowerPoint 2010 的基本操作、演示文稿的美化和动态效果、PowerPoint 2010 的高级应用以及 PowerPoint 2010 的综合应用。

第 4 章文字处理软件 Word 2010，主要内容包括自主学习、Word 2010 的基本操作、文档排版、图文混排和表格、Word 2010 的高级应用以及 Word 2010 的综合应用。

第 5 章电子表格处理软件 Excel 2010，主要内容包括自主学习、Excel 2010 的基本操作、公式与函数、图表和数据管理、Excel 2010 的高级应用以及 Excel 2010 的综合应用。

第 6 章计算机网络，主要内容包括自主学习、资源共享设置、网线的制作、Internet 的基本操作以及 FTP 站点与 FTP 服务器软件。

第 7 章网站开发实用技术，主要内容包括自主学习、HTML 语法基础及基本标签、表格与框架设计、CSS 基础、JavaScript 基础以及网站开发的综合应用。

第 8 章多媒体技术简介，主要内容包括自主学习、图像的编辑以及动画的制作。

本书从应用出发，力求提高学生自觉使用计算机解决学习和生活中遇到的实际问题的能力，适合作为普通高等学校非计算机专业大学计算机基础课程的实验教材。参加编写的教师均长期从事计算机基础教学和教学改革工作，有丰富的计算机理论和实践教学经验。

本书由李霞担任主编，王琴竹、李妮担任副主编，李霞提出教材总体框架，并负责统稿。本书具体编写分工如下：第 1 章由李霞编写，第 2 章由王彩霞编写，第 3 章由郝蕊洁编写，第 4 章由李妮编写，第 5 章由王琴竹编写，第 6 章由张青凤编写，第 7 章由万小红编写，第 8 章由杨武俊编写。在本书的编写过程中，听取了廉侃超等老师的意见，参考了一些相关资料和教材，在此一并表示感谢。

由于计算机学科知识和技术更新快，新技术和新软件不断涌现，加之作者水平有限，书中难免存在不妥之处，恳请专家、教师、读者多提宝贵意见。

欢迎以本书为教材，若有任何意见和建议，请与编者李霞联系(lixiajsj@126.com)。

编　者

2017 年 6 月

目 录

第1章 计算机基础 1
 1.1 自主学习 1
 1.2 熟悉微型计算机硬件系统 3
 1.3 安装微型计算机操作系统 7
 1.4 安装与管理应用软件 11

第2章 操作系统基础 17
 2.1 自主学习 17
 2.2 Windows 7 的基本操作 19
 2.3 文件与文件夹的管理 21

第3章 演示文稿制作软件 PowerPoint 2010 27
 3.1 自主学习 27
 3.2 PowerPoint 2010 的基本操作 29
 3.3 演示文稿的美化和动态效果 33
 3.4 PowerPoint 2010 的高级应用 40
 3.5 PowerPoint 2010 的综合应用 42

第4章 文字处理软件 Word 2010 50
 4.1 自主学习 50
 4.2 Word 2010 的基本操作 52
 4.3 文档排版 54
 4.4 图文混排和表格 59
 4.5 Word 2010 的高级应用 66
 4.6 Word 2010 的综合应用 70

第5章 电子表格处理软件 Excel 2010 78
 5.1 自主学习 78
 5.2 Excel 2010 的基本操作 80

5.3 公式与函数 ... 85
5.4 图表和数据管理 ... 89
5.5 Excel 2010 的高级应用 ... 94
5.6 Excel 2010 的综合应用 ... 97

第6章 计算机网络 ... 106
6.1 自主学习 ... 106
6.2 资源共享设置 ... 108
6.3 网线的制作 ... 110
6.4 Internet 的基本操作 ... 112
6.5 FTP 站点与 FTP 服务器软件 ... 115

第7章 网站开发实用技术 ... 117
7.1 自主学习 ... 117
7.2 HTML 语法基础及基本标签 ... 125
7.3 表格与框架设计 ... 129
7.4 CSS 基础 ... 140
7.5 JavaScript 基础 ... 143
7.6 网站开发的综合应用 ... 144

第8章 多媒体技术简介 ... 149
8.1 自主学习 ... 149
8.2 图像的编辑 ... 150
8.3 动画的制作 ... 152

附录 全国计算机等级考试模拟题 ... 156
全国计算机等级考试模拟题一 ... 156
全国计算机等级考试模拟题二 ... 162
全国计算机等级考试模拟题三 ... 169

参考文献 ... 178

第 1 章　计算机基础

计 算 机 基 础

本章是学习计算机基础知识和熟悉计算机基本操作的入门篇。通过本章的学习，读者应对微型计算机有一个初步了解，认识微型计算机硬件系统，学会安装与管理微型计算机操作系统及一些常用的应用软件，为以后的深入学习奠定基础。

1.1　自主学习

1. 知识点

微型计算机系统包括硬件系统和软件系统两大部分。硬件和软件相辅相成，不可分割。硬件指构成计算机系统的各种物理设备，软件指计算机中的各类程序、数据和文档。没有安装任何软件的计算机称为"裸机"。

微型计算机系统的组成如图 1-1 所示。

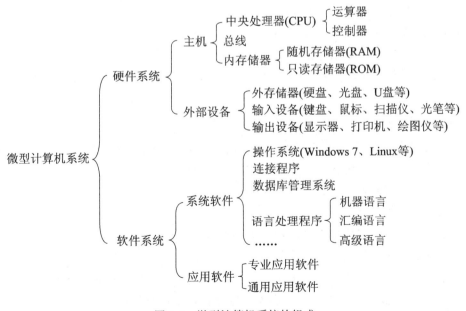

图 1-1　微型计算机系统的组成

(1) 微型计算机硬件系统主要由运算器、控制器、存储器、输入设备和输出设备五大部分组成。其中,运算器和控制器合在一起称为中央处理器(Central Processing Unit,CPU)。

① 中央处理器(CPU)是一块超大规模的集成电路,是一台微型计算机的运算核心和控制核心。它的功能主要是解释计算机指令及处理计算机软件中的数据。计算机的所有操作都受 CPU 控制,它直接影响着整个计算机系统的性能。

② 存储器(Memory)是计算机系统中存放程序和数据的设备。计算机中的所有数据都保存在存储器中。按用途存储器可分为内存(主存)和外存(辅存)。内存用来存放当前正在执行的程序和数据。外存能长期保存信息,如硬盘、U 盘、光盘等。

③ 输入设备(Input Device)是向计算机输入数据的设备,用于把原始数据和处理这些数据的程序输入到计算机中。

④ 输出设备(Output Device)用于计算机数据的输出、显示和打印等,能将内存中经计算机处理后的信息,以能被人或其他设备所接受的形式输出,即把各种计算结果数据或信息以数字、字符、图像、声音等形式表现出来。

(2) 计算机软件是计算机系统的灵魂,是用户与硬件之间的接口,是指用计算机语言编写的程序、运行程序所需的数据及文档的完整集合。软件系统由系统软件和应用软件组成。

① 系统软件处于硬件与应用软件之间,任何用户都要用到系统软件,其他程序都要在系统软件的支持下运行。系统软件的核心是操作系统(Operating System,OS)。操作系统是用户和计算机的接口,是管理和控制计算机硬件与软件资源的计算机程序,是直接运行在"裸机"上的最基本的系统软件,任何其他软件都必须在操作系统的支持下才能运行。

② 应用软件是可以满足用户不同领域和不同问题应用需求的软件,如 Office 办公软件、Photoshop 图像处理软件、Flash 动画制作软件等。

(3) 微型计算机的基本工作原理——冯·诺依曼理论。

① 采用二进制表示数据和指令。

② 计算机的结构由运算器、控制器、存储器、输入设备和输出设备五大部件组成。

③ 计算机采用"存储程序"和"程序控制"的方式工作。

2. 技能点

计算机基础的实验主要包括三大方面:熟悉微型计算机硬件系统、安装微型计算机操作系统和安装与管理应用软件。涉及的基本技能点有:

(1) 微型计算机硬件系统各组成部件的认识。

(2) 微型计算机各种接口的认识。

(3) 微型计算机各组成部件之间连接关系的认识。

(4) Windows 7 操作系统的安装与使用。

(5) Office 2010 办公软件、Photoshop 图像处理软件、Flash 动画制作软件、VB 或 VC 集成开发环境、阅读器、压缩软件、虚拟光驱软件等常用软件的安装与管理。

1.2 熟悉微型计算机硬件系统

1. 实验目的

(1) 掌握微型计算机硬件系统的组成。
(2) 认识微型计算机硬件系统的各组成部件。
(3) 了解微型计算机的各种接口。
(4) 了解微型计算机各组成部件之间的连接关系。

2. 实验环境

硬件：微型计算机

3. 实验内容

(1) 观察微型计算机的机箱。
(2) 打开微型计算机机箱，观察并认识机箱内的各组成部件。
① 主板；
② CPU；
③ 内存条；
④ 硬盘；
⑤ 电源；
⑥ 光驱；
⑦ 显卡；
⑧ 网卡；
⑨ 声卡。
(3) 观察并了解微型计算机的各种接口。
① 串行接口；
② 并行接口；
③ USB 接口；
④ 网卡接口；
⑤ 显卡接口；
⑥ PS/2 接口；
⑦ 音频输入/输出接口。
(4) 观察并了解微型计算机各组成部件之间的连接关系。
(5) 观察常用的外部设备。
① 键盘；
② 鼠标；
③ 扫描仪；

④ 显示器；

⑤ 打印机。

4. 实验讲解

1) 机箱

机箱是计算机硬件的一个组成部件，它的作用主要有两个：一是放置和固定计算机组成部件，起承托和保护的作用；二是屏蔽电磁辐射。

2) 机箱的内部结构

机箱的内部结构如图 1-2 所示。

图 1-2　机箱的内部结构

(1) 主板安装在机箱内，是计算机中最大的一块集成电路板。图 1-3 所示为一块 ATX 结构的主板。

图 1-3　ATX 主板结构

(2) 中央处理器是一块超大规模集成电路,是一台计算机的运算核心和控制核心。它的功能主要是执行计算机指令和处理计算机软件中的数据。计算机的所有操作都受 CPU 控制,它直接影响着整个计算机系统的性能。

图 1-4 为 Intel 公司的一款 CPU,型号是酷睿 i7 5960X。

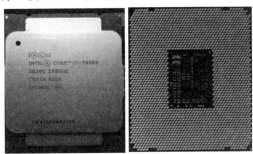

图 1-4　酷睿 i7 5960X 的正面和背面

(3) 内存条是 CPU 可以通过总线寻址并进行读写操作的设备,其外观如图 1-5 所示。

图 1-5　内存条

(4) 硬盘是微型计算机硬件系统不可缺少的存储设备之一,其外观和内部结构如图 1-6 所示。

(5) 电源是为计算机的各组成部件如主板、CPU、内存条、硬盘、显卡、光驱等供电的设备,其外观如图 1-7 所示。

图 1-6　硬盘及其内部结构　　　　　　　　图 1-7　电源

(6) 光驱即光盘驱动器,是计算机用来读写光盘内容的设备,其外观如图 1-8 所示。

(7) 显卡即显示适配器,是计算机进行数模信号转换的设备,其外观如图 1-9 所示。

图 1-8　光驱　　　　　　　　　　　　　　图 1-9　显卡

(8) 网卡即网络适配器,是使计算机可以在计算机网络上进行通信的设备,其外观如图 1-10 所示。

(9) 声卡即音频卡,是计算机实现声波/数字信号相互转换的设备,其外观如图 1-11 所示。

图 1-10　网卡　　　　　　　　图 1-11　声卡

3) 接口

接口是外部设备与计算机连接的端口,各种常见的微型计算机接口如图 1-12 所示。

图 1-12　接口

4) 总线

微型计算机组成部件之间通过总线(Bus)连接,总线是计算机功能部件之间传送信息的公共通信干线,它是 CPU、内存、输入设备和输出设备传递信息的公用通道,外部设备通过相应的接口电路再与总线相连接,从而形成了计算机硬件系统。

5) 外部设备

外部设备简称外设,包括外存储器、输入设备和输出设备。

(1) 键盘是最常用也是最主要的输入设备。常见的标准键盘如图 1-13 所示。

图 1-13　标准键盘

(2) 鼠标是一种常用的计算机输入设备，它可使计算机操作更加简便快捷，可代替键盘繁琐的指令。

(3) 扫描仪是利用光电技术和数字处理技术，以扫描方式捕获图形或图像信息，并将捕获到的信息转换成计算机可以显示、编辑、存储和输出的数字化输入设备，如图 1-14 所示。

图 1-14　扫描仪

(4) 显示器是实现人机对话的主要设备，它既可以显示键盘输入的命令或数据，也可以显示计算机数据处理的结果。

(5) 打印机是一种常用的计算机输出设备，用于将计算机处理结果打印在相关介质上。按工作方式可以将打印机分为针式打印机、喷墨打印机和激光打印机等，如图 1-15 所示。

　　针式打印机　　　　　　喷墨打印机　　　　　激光打印机

图 1-15　针式、喷墨和激光打印机

5. 实验思考

(1) 衡量一台计算机硬件的性能指标主要有哪些？
(2) 能不能通过系统报警音判断出哪个硬件没有安装成功？
(3) 在一台计算机上能不能安装多块硬盘？
(4) 如果没有安装硬盘，启动计算机时会出现什么情况？
(5) 如果没有安装内存条，或者内存条没有安装好，启动计算机时会出现什么情况？
(6) 衡量 CPU 的性能指标主要有哪些？

1.3　安装微型计算机操作系统

1. 实验目的

(1) 熟悉 Windows 7 操作系统的安装过程。
(2) 了解 Windows 7 操作系统的基本操作。

2. 实验环境

(1) 硬件：微型计算机。
(2) 软件：Windows 7 操作系统。

3. 实验内容

安装并初步使用 Windows 7 操作系统。

(1) 安装 Windows 7 操作系统，观察安装过程。

(2) 安装成功后，观察 Windows 7 操作系统桌面的各组成部分。

(3) 查看计算机的基本信息。

(4) 打开"开始"菜单，观察各组成部分。

(5) 在桌面上新建一个文件夹，命名为自己的学号后两位+姓名，以下文件均保存到该文件夹中。

(6) 通过"开始"菜单，打开"画图"程序，观察"画图"程序的工作界面，新建一个画图文件，命名为：我的第一个图片，保存到自己的文件夹中。

(7) 通过"开始"菜单，打开"记事本"程序，观察"记事本"程序的工作界面，新建一个文本文件，命名为：我的第一个文本，保存到自己的文件夹中。

(8) 在自己的文件夹中，分别对"我的第一个图片"文件和"我的第一个文本"文件创建快捷方式。

4. 实验步骤

(1) 省略具体的安装过程，简单介绍几种 Windows 7 操作系统的安装方法。

Windows 7 操作系统的安装方法有很多，常用的有：光盘安装法、U 盘安装法、虚拟光驱安装法、硬盘安装法等。

① 光盘安装法。开机进入 BIOS，将安装光盘放入光驱，设置为光驱优先启动，保存退出。重启电脑，进入安装界面，按提示一步步安装。

② U 盘安装法。开机进入 BIOS，插入 U 盘安装盘，设置为 U 盘优先启动，保存退出。重启电脑，进入安装界面，按提示一步步安装。

③ 虚拟光驱安装法。在现有系统下用虚拟光驱程序加载系统 ISO 文件，运行虚拟光驱的安装程序，进入安装界面，按提示一步步安装。

④ 硬盘安装法。把系统 ISO 文件解压到其他分区，运行解压目录下的 SETUP.EXE 文件，进入安装界面，按提示一步步安装。

(2) 安装成功后，启动 Windows 7，进入 Windows 7 系统的桌面，如图 1-16 所示。

图 1-16　桌面及桌面组成

(3) 在桌面的"计算机"图标上单击鼠标右键，在弹出的快捷菜单中选择"属性"命令，打开"系统"窗口，如图 1-17 所示，在该窗口中可以查看有关计算机的基本信息，如：Windows 版本、处理器、安装内存(RAM)等。

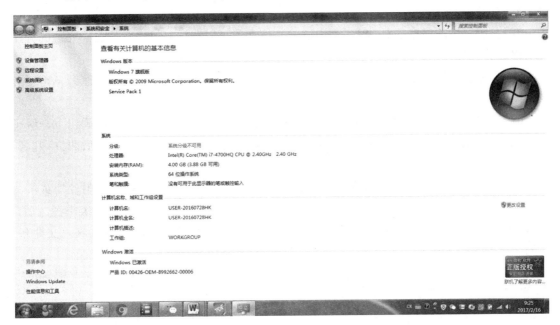

图 1-17 "系统"窗口

(4) 在任务栏最左边的"开始"按钮处单击鼠标左键，打开"开始"菜单，如图 1-18 所示。"开始"菜单分为四个基本部分：

图 1-18 "开始"菜单

① 左边的大窗格显示计算机上程序的一个短列表，最近使用比较频繁的程序将出现在这个列表中。

② 单击左边窗格下方的"所有程序"会显示计算机中已经安装的程序，同时"所有程序"变成"返回"。

③ 左边窗格的最底部是搜索框，通过输入搜索项可以在计算机中查找已经安装的程序和所需要的文件。

④ 右边窗格提供了对常用文件夹、文件、设置和其他功能的访问，还可以注销 Windows 或关闭计算机等。

(5) 在桌面的空白处单击鼠标右键，在弹出的快捷菜单中指向"新建"，弹出下一级子菜单，选择"文件夹"命令，新建一个文件夹，将该文件夹命名为自己的学号后两位+姓名，如：01 王洁。

(6) 打开"开始"菜单，选择"所有程序"下的"附件"命令，打开"附件"菜单，选择"画图"命令，打开"画图"窗口，如图 1-19 所示。在该窗口中创建和编辑图画后，单击"保存"按钮，打开"保存为"对话框，选择保存位置为自己的文件夹，在"文件名"后的下拉列表框中输入"我的第一个图片"，单击"保存"按钮。

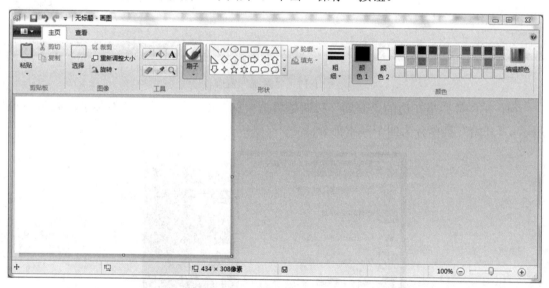

图 1-19 "画图"窗口

(7) 打开"开始"菜单，选择"所有程序"下的"附件"命令，打开"附件"菜单，选择"记事本"命令，打开"记事本"窗口，如图 1-20 所示。在该窗口中创建和编辑文本内容后，单击"文件"菜单中的"保存"命令，打开"另存为"对话框，选择保存位置为自己的文件夹，在"文件名"后的下拉列表框中输入"我的第一个文本"，单击"保存"按钮。

(8) 打开自己的文件夹，分别在"我的第一个图片"文件和"我的第一个文本"文件上拖动鼠标右键，在弹出的快捷菜单中选择"在当前位置创建快捷方式"命令，即可完成这两个文件快捷方式的创建。

图 1-20 "记事本"窗口

5. 实验思考

(1) 除了 Windows 操作系统,还有哪些操作系统?
(2) 在一台计算机上能不能安装多个操作系统?
(3) 安装操作系统可以通过哪些途径或方法?
(4) 安装 Windows 操作系统时,一般需要设置启动盘,在哪里设置?如何设置?
(5) 如果不通过"开始"菜单关闭计算机,而是直接关闭电源,对计算机有影响吗?

1.4 安装与管理应用软件

1. 实验目的

(1) 掌握常用应用软件的安装。
(2) 掌握常用应用软件的卸载。
(3) 了解常用应用软件的应用。

2. 实验环境

(1) 硬件:微型计算机。
(2) 软件:Windows 7 操作系统、Office 2010 办公软件、Photoshop 图像处理软件、Flash 动画制作软件、VB 或 VC 集成开发环境、阅读器、压缩软件、虚拟光驱软件等。

3. 实验内容

1) 新建文件夹

在桌面上新建一个文件夹,命名为自己的学号后两位+姓名,以下文件均保存到该文件夹中。

2) 安装、使用与卸载 Office 2010 办公软件

(1) 根据安装程序的提示信息安装 Office 2010 办公软件中的 PowerPoint、Word 和 Excel

等应用程序,观察安装过程。

(2) 安装成功后,在自己的文件夹中新建一个 PowerPoint 文件,命名为"我的第一个演示文稿"。打开该文件,观察 PowerPoint 2010 的工作界面。

(3) 在自己的文件夹中新建一个 Word 文件,命名为"我的第一个文档"。打开该文件,观察 Word 2010 的工作界面。

(4) 在自己的文件夹中新建一个 Excel 文件,命名为"我的第一个表格"。打开该文件,观察 Excel 2010 的工作界面。

(5) 观察 PowerPoint、Word 和 Excel 的工作界面后,在控制面板中卸载 Office 2010 办公软件。

3) 安装、使用与卸载其他常用的应用软件

参考以上要求,根据自己的需求,安装、使用与卸载 Photoshop 图像处理软件、Flash 动画制作软件、VB 或 VC 集成开发环境、阅读器、压缩软件、虚拟光驱软件等。

4. 实验步骤

1) 新建文件夹

在桌面的空白处单击鼠标右键,在弹出的快捷菜单中指向"新建",弹出下一级子菜单,选择"文件夹"命令,新建一个文件夹,将该文件夹命名为自己的学号后两位+姓名,如:01 王洁。

2) 安装、使用与卸载 Office 2010 办公软件

(1) 首先获取 Office 2010 版的安装程序,解压或者使用虚拟光驱软件加载安装程序,双击 setup.exe 文件,出现如图 1-21 所示的对话框。选择"自定义"按钮,出现如图 1-22 所示的对话框。在该对话框中可以对安装选项和文件位置进行设置,在"安装选项"选项卡下可以根据需要安装软件,在"文件位置"选项卡下可以选择文件安装路径。设置完成后,单击"立即安装"按钮,出现如图 1-23 所示的安装进度,等待如图 1-24 所示的安装完成对话框出现,单击"关闭"按钮完成 Office 2010 的安装。

图 1-21　Office 2010 安装过程(1)

图 1-22　Office 2010 安装过程(2)

图 1-23　Office 2010 安装过程(3)

图 1-24　Office 2010 安装过程(4)

(2) 打开自己的文件夹，在文件夹的空白处单击鼠标右键，在弹出的快捷菜单中指向"新建"，弹出下一级子菜单，选择"Microsoft PowerPoint 演示文稿"命令，新建一个 PowerPoint 文件，将该文件命名为：我的第一个演示文稿。双击该文件，打开 PowerPoint 2010 的工作界面，如图 1-25 所示。

图 1-25　PowerPoint 2010 的工作界面

(3) 打开自己的文件夹，在文件夹的空白处单击鼠标右键，在弹出的快捷菜单中指向"新建"，弹出下一级子菜单，选择"Microsoft Word 文档"命令，新建一个 Word 文件，将该文件命名为：我的第一个文档。双击该文件，打开 Word 2010 的工作界面，如图 1-26 所示。

图 1-26　Word 2010 的工作界面

(4) 打开自己的文件夹，在文件夹的空白处单击鼠标右键，在弹出的快捷菜单中指向"新建"，弹出下一级子菜单，选择"Microsoft Excel 工作表"命令，新建一个 Excel 文件，将该文件命名为：我的第一个表格。双击该文件，打开 Excel 2010 的工作界面，如图 1-27 所示。

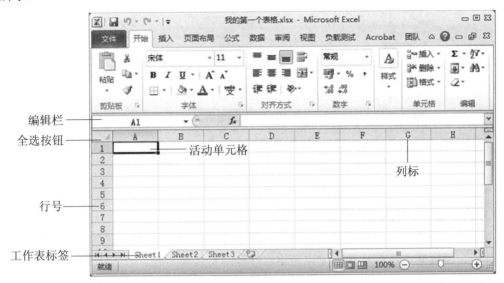

图 1-27 Excel 2010 的工作界面

(5) 打开"开始"菜单，选择右边窗格中的"控制面板"命令，打开"控制面板"窗口，"查看方式"选择"类别"后，出现如图 1-28 所示的窗口。单击"程序"类的"卸载程序"链接，打开"程序和功能"窗口，如图 1-29 所示，在应用程序列表中选中"Microsoft Office Professional Plus 2010"，单击"卸载"，在随后出现的卸载向导的指引下逐步完成程序的卸载。

图 1-28 "控制面板"窗口

图 1-29 "程序和功能"窗口

3) 安装、使用与卸载其他常用的应用软件

参考实验步骤 2)，完成 Photoshop 图像处理软件、Flash 动画制作软件、VB 或 VC 集成开发环境、阅读器、压缩软件、虚拟光驱软件等的安装和卸载。

5. 实验思考

(1) 常用的办公软件除了 Office 外，还有哪些软件具有办公功能？
(2) 常用的 Office 版本有哪些？
(3) Office 办公软件除了 PowerPoint、Word 和 Excel 外，还包含哪些应用程序？
(4) 除了 VB 和 C 语言外，还有哪些高级语言？
(5) 不通过控制面板卸载程序，直接删除程序可以吗？
(6) 虚拟光驱的作用是什么？
(7) 常用的虚拟光驱软件有哪些？

第 2 章 操作系统基础

本章学习 Windows 7 操作系统的基本操作、文件和文件夹的管理、系统管理,以及系统实用工具的使用等。通过本章的学习,可以熟练地使用 Windows 7 资源管理器管理文件和文件夹,用控制面板对计算机的软件和硬件系统进行配置与管理,用附件中的实用工具有效地提高工作效率。

2.1 自主学习

1. 知识点

1) 操作系统

操作系统是对计算机资源(包括硬件和软件等)进行管理和控制的程序,是用户和计算机的接口,是最基本、最重要的系统软件。

2) Windows 7 的基本操作

(1) 桌面。桌面是用户和计算机进行交互的界面,存放了一些用户经常使用的应用程序的快捷方式、文件(文件夹)图标等。桌面主要由桌面图标、任务栏、"开始"菜单等几个部分组成。

(2) 窗口。当用户打开一个文件或者应用程序时,通常会出现一个窗口。窗口主要由标题栏、地址栏、搜索框、菜单栏、列表区、工作区、信息栏、滚动条、窗口边框等部分组成。

(3) 对话框。对话框是一种特殊形式的窗口,与一般窗口相同的是,有标题栏、可以在桌面上任意移动等;不同的是,对话框的大小是不能改变的。不同用途的对话框由不同元素组成。一般情况下,对话框中包括标题栏、要求用户输入信息或设置的选项、命令按钮等组件。

(4) 菜单。Windows 7 的菜单有四种类型,分别是"开始"菜单、下拉菜单、快捷菜单和控制菜单。每个菜单中都含有若干不同的命令选项,用于实现相关的操作。

3) Windows 7 的文件管理

计算机系统中,程序和数据一般都以文件形式保存在计算机中。

(1) 文件与文件夹。每个文件都有一个名字，称为文件名。文件名一般由文件主名和扩展名两部分组成，中间用"."分隔。文件主名往往是代表文件内容的标识，而扩展名表示文件的类型。

文件夹是组织文件的一种方式，可以按类型将文件保存在不同的文件夹中。

由于各级文件夹之间有互相包含的关系，使得所有文件夹构成一个树状结构，称为文件夹树。其中，"树根"是计算机中的磁盘，"树枝"是各级子文件夹，而"树叶"就是文件。

文件在文件夹树上的位置称为文件的路径。文件路径分为绝对路径和相对路径，绝对路径是指从该文件所在磁盘开始直到该文件为止的路径上的所有文件夹名，文件夹间用"\"分隔。相对路径是指从该文件所在磁盘的当前文件夹开始直到该文件为止的路径上所有的子文件夹名。

(2) Windows 资源管理器。资源管理器用于查看计算机中的所有资源，并对文件进行各种操作，如：打开、复制、移动等。"资源管理器"窗口包含两个窗格，左窗格是文件夹树窗格，显示计算机系统中所有的"资源"，包括收藏夹、库、计算机、网络等的树状结构情况列表，右窗格是内容窗格，显示所选中对象中的内容。

(3) 文件与文件夹的管理。在 Windows 7 中，用户通过"计算机"或"Windows 资源管理器"管理计算机上所有的硬件和软件资源，不仅可以查看本地文件夹的分层结构，以及所选文件夹中的子文件夹和全部文件，而且可以对文件与文件夹进行重命名、复制、移动、删除、属性修改等操作。

4) Windows 7 的系统管理

Windows 7 操作系统允许用户对计算机的软件和硬件系统环境进行配置，如添加删除应用程序、管理用户账户、外观和个性化设置、系统优化与备份等，通过配置，使系统更符合用户的个性化需求。控制面板是 Windows 7 对计算机的软件和硬件系统进行配置与管理的工具。

5) Windows 7 的附件

Windows 7 操作系统的"附件"程序为用户提供了许多使用方便、实用的小程序。如记事本、写字板、便笺、画图、截图、计算器等。

2. 技能点

操作系统的实验主要包括两大方面：Windows 7 的基本操作、文件与文件夹的管理。涉及的基本技能点有：

1) Windows 7 的基本操作

(1) 桌面的操作，包括桌面图标的操作、任务栏的操作等。

(2) 窗口的操作，包括最大化/最小化/还原窗口、调整窗口的大小、移动窗口、排列窗口等。

(3) 对话框的操作。

(4) 菜单的操作。

2) Windows 7 的文件管理

文件(夹)的创建、复制、移动、重命名、搜索等。

3) 控制面板

添加或删除应用程序、管理用户账户、外观和个性化设置等。

4) 附件

写字板、画图、截图等实用工具的使用。

2.2　Windows 7 的基本操作

1. 实验目的

(1) 熟悉 Windows 7 的桌面。
(2) 掌握 Windows 7 桌面的基本操作。
(3) 掌握 Windows 7 窗口的基本操作。
(4) 掌握 Windows 任务管理器的启动和使用。
(5) 掌握一种中文输入法。

2. 实验环境

(1) 硬件：微型计算机。
(2) 软件：Windows 7 操作系统、Office 2010 办公软件。

3. 实验内容

(1) 桌面操作。
① 改变图标的查看方式。
② 排列图标。
(2) 任务栏操作。
① 调整任务栏的大小。
② 锁定任务栏。
③ 移动任务栏。
④ 隐藏任务栏。
(3) 窗口操作。
① 最大化/最小化/还原窗口。
② 调整窗口的大小。
③ 移动窗口。
④ 排列窗口。
(4) Windows 任务管理器的启动和使用。
(5) 中英文文字录入练习。

4. 实验步骤

1) 桌面操作

(1) 改变图标的查看方式。改变图标查看方式的步骤如下：

① 在桌面的空白处单击鼠标右键。

② 在弹出的快捷菜单中指向"查看"，弹出下一级子菜单。

③ 在子菜单中，根据需要选择子菜单命令。

若选择"大图标"、"中等图标"或"小图标"命令，则可以改变桌面图标的大小。

若选择"自动排列图标"，表示由系统自动排列桌面图标；否则，用户可以随意移动桌面上所有的图标。

若选择"将图标与网格对齐"，则将图标固定在指定的网格位置，对齐图标。

若选择"显示桌面图标"命令，则显示桌面图标；否则，隐藏桌面图标。

(2) 排列图标。排列图标的步骤如下：

① 在桌面的空白处单击鼠标右键。

② 在弹出的快捷菜单中指向"排序方式"，弹出下一级子菜单。

③ 在子菜单中，根据需要选择子菜单命令。

若选择"名称"命令，则将桌面图标按名称的字母顺序排列。

若选择"大小"命令，则将桌面图标按文件的大小顺序排列。

若选择"项目类型"命令，则将桌面图标按类型顺序排列。

若选择"修改日期"命令，则将桌面图标按最后的修改时间排列。

2) 任务栏操作

(1) 调整任务栏的大小。将鼠标移动到任务栏的上边框，当鼠标指针变成垂直方向时向上或向下拖动鼠标，可以调整任务栏的大小。

(2) 锁定任务栏。在任务栏的空白处单击鼠标右键，在弹出的快捷菜单中选择"锁定任务栏"命令。

(3) 移动任务栏。首先，取消任务栏的锁定状态。其次，按住鼠标左键将任务栏拖动到桌面的右侧、上侧或左侧，可以改变任务栏的位置。

(4) 隐藏任务栏。在任务栏的空白处单击鼠标右键，在弹出的快捷菜单中选择"属性"命令，打开"任务栏和「开始」菜单属性"对话框，选择"自动隐藏任务栏"选项，单击"确定"。此时任务栏是隐藏状态，当光标指向任务栏的位置时，任务栏才显现。

3) 窗口操作

(1) 最大化/最小化/还原窗口。单击窗口右上角的最小化按钮、最大化按钮或向下还原按钮，可实现窗口在这些形式之间的切换。

(2) 调整窗口的大小。将鼠标指针移向窗口边框或窗口角时，指针显示为双向箭头状。此时，按住鼠标左键拖动外边框，窗口大小将在相应方向上随之改变。拖动窗口角，将会同时在水平和垂直两个方向上改变窗口大小。满意时，放开鼠标即完成操作，显示新的窗口尺寸。

(3) 移动窗口。将鼠标指针指向需要移动窗口的标题栏，拖动鼠标指针到指定位置即可实现窗口的移动。最大化的窗口是无法移动的。

(4) 排列窗口。在任务栏的空白处单击鼠标右键，在弹出的快捷菜单中分别选择"层叠窗口"、"堆叠显示窗口"和"并排显示窗口"命令，观察窗口的排列情况。

4) Windows 任务管理器的启动和使用

常用的 Windows 任务管理器的启动方法有以下三种：

(1) 在任务栏的空白处单击鼠标右键，在弹出的快捷菜单中选择"启动任务管理器"命令。

(2) 按下组合键"Ctrl+Alt+Delete"，进入计算机锁定界面，选择"启动任务管理器"。

(3) 按下组合键"Ctrl+Shift+Esc"。

启动 Windows 任务管理器后，在"Windows 任务管理器"窗口的"应用程序"选项卡中可以选择要关闭的应用程序，单击"结束任务"按钮，即可关闭指定的应用程序。在"性能"选项卡中，用户可以很直观地看到 CPU 使用率、CPU 使用记录、内存、物理内存使用记录、物理内存等数据。在"用户"选项卡中，可以断开或注销当前的用户。

5) 中英文文字录入练习

新建一个 word 文档进行中英文文字录入练习，或在网上进行在线打字练习。

5．实验思考

(1) Windows 7 的桌面布局可以更改吗？如何更改？

(2) 窗口与对话框有什么不同？

(3) Windows 7 的四种菜单实现的功能相同吗？有什么异同？

(4) 任务管理器的作用是什么？如何启动任务管理器？

2.3 文件与文件夹的管理

1．实验目的

(1) 掌握 Windows 7 文件与文件夹的管理。

(2) 掌握控制面板中的基本设置。

(3) 了解附件中常用实用工具的使用。

(4) 掌握一种中文输入法。

2．实验环境

(1) 硬件：微型计算机。

(2) 软件：Windows 7 操作系统、Office 2010 办公软件。

3．实验内容

(1) 建立文件夹。

① 在桌面上新建一个文件夹，命名为自己的学号后两位+姓名，以下文件均保存到该文件夹中。

② 在自己的文件夹中新建三个文件夹，分别命名为：古诗词、图片和音乐。

(2) 显示已知文件类型的扩展名。

(3) 新建、编辑、保存并关闭文档。在"古诗词"文件夹中新建一个文本文档，命名为：天净沙秋思.txt。输入如图 2-1 所示的内容，完成后保存并关闭文档。

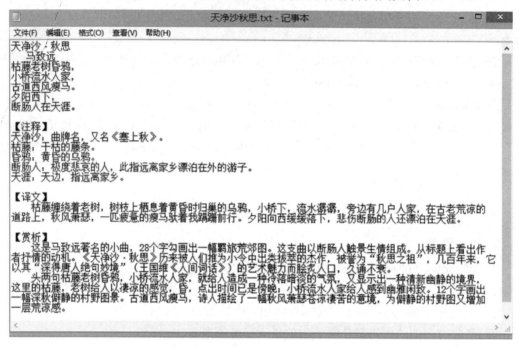

图 2-1 "天净沙秋思"的内容

(4) 搜索或下载图片文件并保存。在本机中搜索或从网上下载与"天净沙秋思"相关的图片文件，具体格式不限，命名为"天净沙秋思图片"，保存到"图片"文件夹中。

(5) 搜索或下载音乐文件并保存。在本机中搜索或从网上下载与"天净沙秋思"相关的音乐文件，具体格式不限，命名为"天净沙秋思音乐"，保存到"音乐"文件夹中。

(6) 创建并复制快捷方式。在"古诗词"文件夹中创建文本文档"天净沙秋思.txt"的快捷方式，并将此快捷方式复制到"音乐"文件夹中。

(7) 删除快捷方式。删除"古诗词"文件夹中"天净沙秋思.txt"的快捷方式。

(8) 设置文档的属性。将"古诗词"文件夹中文本文档"天净沙秋思.txt"的属性设置为"只读"。

(9) 查找本机文件的路径并保存。在自己的文件夹中新建一个文本文档，命名为：画图程序路径.txt，将本机所安装的画图程序的路径输入(复制)到该文本文档中，完成后保存并关闭文档。

(10) 隐藏文件(夹)。将"音乐"文件夹的属性设置为隐藏，并设置"不显示隐藏的文件、文件夹或驱动器"，刷新一下查看效果。

(11) 取消隐藏文件(夹)。将"音乐"文件夹显示出来,再取消"音乐"文件夹的隐藏属性。

(12) 隐藏已知文件类型的扩展名。

(13) 对计算机进行个性化设置。

① 设置显示器的分辨率为 1024×768。

② 调整系统日期和时间为 2017 年 5 月 20 日,11:00。

③ 创建一个新账户,并设置密码。

④ 在本机中搜索或从网上下载一幅图片作为桌面背景。

4. 实验步骤

1) 建立文件夹

(1) 在桌面的空白处单击鼠标右键,在弹出的快捷菜单中指向"新建",弹出下一级子菜单,选择"文件夹"命令新建一个文件夹,将该文件夹命名为自己的学号后两位+姓名,如:01 王洁。

(2) 在自己的文件夹上双击鼠标左键,打开文件夹窗口。

(3) 参考(1)的步骤,在自己的文件夹中新建三个文件夹,分别命名为:古诗词、图片和音乐。

2) 显示已知文件类型的扩展名

(1) 打开任一文件夹窗口,单击"组织"下拉按钮,选择其中的"文件夹和搜索选项"命令,或单击"工具"菜单下的"文件夹选项"命令,打开"文件夹选项"对话框。

(2) 在"文件夹选项"对话框中单击"查看"选项卡,在"高级设置"列表框取消选择"隐藏已知文件类型的扩展名"复选框。

3) 新建、编辑、保存并关闭文档

在"古诗词"文件夹中建立文本文档"天净沙秋思.txt"。

(1) 打开"古诗词"文件夹,在当前窗口的空白处单击鼠标右键,在弹出的快捷菜单中选择"新建"命令创建一个文本文档,输入文件名为:天净沙秋思.txt。

(2) 在"天净沙秋思.txt"文件上双击鼠标左键,打开该文档,输入如图 2-1 所示的内容。

(3) 单击"文件"菜单下的"保存"命令,保存该文档。单击窗口标题栏上的"关闭"按钮,关闭该文档。

4) 搜索或下载图片文件并保存

在本机中搜索或从网上下载与"天净沙秋思"相关的图片文件,保存到"图片"文件夹中。

在本机中搜索图片的步骤如下:

(1) 打开计算机窗口,在搜索框中输入:天净沙秋思.jpg(或其他图片文件扩展名),按下回车键。

(2) 在窗口内容窗格所显示的搜索结果中,选中需要的天净沙秋思图片文件。

(3) 单击"编辑"菜单下的"复制"命令。
(4) 打开"图片"文件夹。
(5) 单击"编辑"菜单下的"粘贴"命令,并将文件重命名为:天净沙秋思图片。

从网上下载图片的步骤如下:
(1) 打开百度首页,在"更多产品"中单击"图片"。
(2) 在打开的"百度图片"网页搜索框中,输入关键词:天净沙秋思。
(3) 在打开的搜索结果页面中,单击需要的图片。
(4) 在图片上单击鼠标右键,在弹出的快捷菜单中选择"图片另存为"命令,将该图片保存到"图片"文件夹中,命名为:天净沙秋思图片。

5) 搜索或下载音乐文件并保存

参考实验步骤4),在本机中搜索或从网上下载与"天净沙秋思"相关的音乐文件,保存到"音乐"文件夹中。

6) 创建快捷方式并复制

在"古诗词"文件夹中创建文本文档"天净沙秋思.txt"的快捷方式,并将此快捷方式复制到"音乐"文件夹中。
(1) 打开"古诗词"文件夹,在"天净沙秋思.txt"文件上拖动鼠标右键,在弹出的快捷菜单中选择"在当前位置创建快捷方式"命令,即可完成快捷方式的创建。
(2) 选择"天净沙秋思.txt"文件的快捷方式文件,将此快捷方式复制到"音乐"文件夹中。

7) 删除快捷方式

删除"古诗词"文件夹中"天净沙秋思.txt"的快捷方式。
(1) 打开"古诗词"文件夹,在"天净沙秋思.txt"文件的快捷方式文件上单击鼠标右键,在弹出的快捷菜单中选择"删除"命令,打开删除文件对话框。
(2) 在删除文件对话框中选择"是"按钮。

8) 设置文档的属性

将"古诗词"文件夹中文本文档"天净沙秋思.txt"的属性设置为"只读"。
(1) 在文本文档"天净沙秋思.txt"上单击鼠标右键,在弹出的快捷菜单中选择"属性"命令,打开"天净沙秋思.txt 属性"对话框。
(2) 在"天净沙秋思.txt 属性"对话框中选中"只读"复选框。
(3) 单击"确定"按钮,完成设置。

9) 查找本机文件的路径并保存

在自己的文件夹中新建一个文本文档,命名为:画图程序路径.txt,将本机所安装的画图程序的路径输入(复制)到该文本文档中,完成后保存并关闭文档。
(1) 在自己文件夹窗口的空白处单击鼠标右键,在弹出的快捷菜单中选择"新建"命令创建文本文档,输入文件名为:画图程序路径.txt,打开该文档。
(2) 单击任务栏的"开始"按钮,打开"开始"菜单。鼠标指针指向"所有程序",单击"附件",在"画图"上单击鼠标右键,打开"画图属性"对话框。

(3) 在"画图属性"对话框的"快捷方式"选项卡中,单击"打开文件位置"按钮,打开"画图"程序文件位置窗口,选中"画图"程序文件。

(4) 将地址栏中的"画图"程序文件路径和工作区的"画图"程序文件名,输入(复制)到"画图程序路径.txt"文件中,并在两者中间输入"\"。

(5) 保存、关闭文档,并将打开的窗口和对话框关闭。

10) 隐藏文件(夹)

将"音乐"文件夹的属性设置为隐藏,并设置"不显示隐藏的文件、文件夹或驱动器"。

(1) 在"音乐"文件夹上单击鼠标右键,在弹出的快捷菜单中选择"属性"命令,打开"音乐属性"对话框。

(2) 在"音乐属性"对话框中选中"隐藏"复选框。

(3) 单击"确定"按钮,在弹出的"确认属性更改"对话框中根据需要进行选择,单击"确定"按钮,完成设置。

(4) 单击"组织"下拉按钮,选择其中的"文件夹和搜索选项"命令,或单击"工具"菜单下的"文件夹选项"命令,打开"文件夹选项"对话框。

(5) 在"文件夹选项"对话框中单击"查看"选项卡,在"高级设置"列表框中选择"不显示隐藏的文件、文件夹或驱动器"单选按钮。

(6) 单击"确定"按钮,完成设置。

11) 取消隐藏文件(夹)

参考实验步骤10),将"音乐"文件夹显示出来,再取消"音乐"文件夹的隐藏属性。

12) 隐藏已知文件类型的扩展名

参考实验步骤2),隐藏已知文件类型的扩展名。

13) 对计算机进行个性化设置

(1) 设置显示器的分辨率为1024×768。

① 打开"控制面板"窗口,查看方式选择"类别",单击"外观和个性化"类的"调整屏幕分辨率"链接,打开"屏幕分辨率"窗口。

② 在"屏幕分辨率"窗口,打开"分辨率"下拉列表,拖动滑块到1024×768,单击"确定"按钮。

(2) 调整系统日期和时间为2017年5月20日,11:00。

① 打开"控制面板"窗口,查看方式选择"类别",单击"时钟、语言和区域"链接,打开"时钟、语言和区域"窗口。

② 在"时钟、语言和区域"窗口中单击"日期和时间"下方的"设置时间和日期"链接,打开"日期和时间"对话框。

③ 在"日期和时间"对话框中单击"更改日期和时间"按钮,将系统日期修改为2017年5月20日,时间为11:00。

④ 单击"确定"按钮,完成系统时间的修改。

(3) 创建一个新账户，并设置密码。

① 打开"控制面板"窗口，查看方式选择"类别"，单击"用户账户和家庭安全"类的"添加或删除用户账户"链接，打开"管理账户"窗口。

② 在"管理账户"窗口，单击"创建一个新账户"链接，打开"创建新账户"窗口。

③ 在"创建新账户"窗口，输入新账户名称，如：wangyu，选中"标准用户"单选按钮，单击"创建账户"按钮，完成新账户的创建。

④ 单击创建的新用户"wangyu"，进入更改账户窗口。

⑤ 单击"创建密码"链接，打开"创建密码"窗口，输入并确认新密码，完成密码的设置。

⑥ 单击"创建密码"按钮，则为该账户创建了密码。

(4) 在本机中搜索或从网上下载一幅图片作为桌面背景。

① 在本机中搜索或从网上下载一幅图片。

② 打开"控制面板"窗口，查看方式选择"类别"，单击"外观和个性化"类的"更改桌面背景"链接，打开"桌面背景"窗口。

③ 在"桌面背景"窗口中，单击"浏览"按钮，选择所需的图片，单击"保存修改"按钮。

5. 实验思考

(1) 在 Windows 7 中，用于查看计算机中的所有资源，并对文件进行各种操作的应用程序有哪些？

(2) 在 Windows 7 中，常用哪个工具对计算机的软件和硬件系统进行配置与管理？

(3) 在 Windows 7 中，怎样使用搜索功能通过文件名或文件的扩展名找到该文件？

第3章 演示文稿制作软件 PowerPoint 2010

本章学习演示文稿的制作。通过本章的学习，了解演示文稿制作软件 PowerPoint 2010 的相关概念，掌握演示文稿和幻灯片的基本操作，对象的插入、编辑和格式化，以及演示文稿中主题、背景和幻灯片母版的使用，学会为幻灯片和其中的对象设置动态效果。本章所掌握的知识和技能，可以应用到生活、学习和工作中，如演讲、课件制作和产品推介等。

3.1 自主学习

1. 知识点

PowerPoint 2010 用幻灯片组织文件中的文字、图形、图像、声音、视频等多种对象，可以美化对象，设置幻灯片中各对象的动画效果和幻灯片切换效果，设置放映方式等。

1) PowerPoint 2010 的基本要素

(1) 演示文稿。PowerPoint 2010 创建的文件称为演示文稿，扩展名为：.pptx。一个演示文稿中可以包含多张幻灯片，用户可以根据需要增加或删除幻灯片。

(2) 幻灯片。演示文稿中的每一页就是一张幻灯片，每张幻灯片之间既相互独立又相互联系。在幻灯片中可以插入文字、图像、表格、视频等多种对象，从而更生动直观地表达内容。

(3) 幻灯片版式。幻灯片版式就是各种对象在幻灯片上的排列方式。

(4) 占位符。新建一张幻灯片，或者选用一种幻灯片版式，都会在版面的空白位置上出现虚线矩形框，称为占位符。

2) PowerPoint 2010 的视图

视图是演示文稿的显示方式。PowerPoint 2010 提供了五种视图模式，分别为普通视图、幻灯片浏览视图、阅读视图、幻灯片放映视图和备注页视图。

3) 应用幻灯片主题

主题是主题颜色、主题字体和主题效果等格式的集合。为演示文稿应用幻灯片主题后，可以使主题中的幻灯片具有一致而专业的外观。

4) 设置幻灯片背景

在默认情况下,演示文稿中的幻灯片使用主题规定的背景,用户也可以重新设置幻灯片背景。

5) 应用幻灯片母版

幻灯片母版是 PowerPoint 中一种特殊的幻灯片,用于统一整个演示文稿的格式。因此,只需要对母版进行修改,即可完成对多张幻灯片外观的改变。

6) 设置幻灯片切换效果

幻灯片切换效果是指在演示文稿放映过程中由一张幻灯片进入到另一张幻灯片时的动画效果。用户可以通过设置为每张幻灯片添加富有动感的切换效果,还可以控制每张幻灯片切换的速度及添加切换声音等。

7) 设置对象的动画效果

为了丰富演示文稿的播放效果,用户可以为幻灯片的对象设置进入、强调、退出或动作路径等动画效果。

8) 制作交互效果

演示文稿放映时,除按顺序放映幻灯片外,还可以自由地在幻灯片之间跳转,这种形式的演示文稿称为交互式演示文稿。在放映交互式演示文稿时,单击幻灯片中的某个对象便能跳转到指定的幻灯片,或打开某个文件或网页。可以通过插入"超链接"或"动作按钮"的方法实现交互效果。

2. 技能点

演示文稿制作软件 PowerPoint 2010 的实验主要包括四大方面:PowerPoint 2010 的基本操作、演示文稿的美化、动态效果和高级应用。涉及的基本技能点有:

1) PowerPoint 2010 的基本操作

(1) 演示文稿的基本操作,包括新建、打开、保存和关闭等。

(2) 幻灯片的基本操作,包括插入、选定、删除、隐藏、移动、复制和导入等。

(3) 幻灯片的编辑操作,包括对象的插入、编辑和格式化等。

2) 演示文稿的美化

(1) 主题设置,包括应用主题和自定义主题等。

(2) 背景设置,包括设置背景样式和隐藏背景图形等。

(3) 幻灯片母版设置,包括应用幻灯片母版及在幻灯片母版中编辑对象等。

3) 动态效果

(1) 幻灯片交互,包括插入、编辑和取消超链接等。

(2) 幻灯片切换效果,包括添加和设置幻灯片切换效果等。

(3) 对象的动画效果,包括添加和编辑动画效果等。

4) 幻灯片的放映方式

幻灯片的放映方式包括设置放映方式、设置放映参数和隐藏幻灯片等。

3.2 PowerPoint 2010 的基本操作

1. 实验目的
(1) 掌握 PowerPoint 2010 的启动和退出。
(2) 了解 PowerPoint 2010 窗口的组成。
(3) 掌握 PowerPoint 演示文稿的新建、打开、保存和关闭等基本操作。
(4) 掌握幻灯片的插入、选定、删除、隐藏、移动、复制和导入等基本操作。
(5) 掌握幻灯片中各种对象的插入、编辑和格式化操作。
(6) 了解各种视图的特点。

2. 实验环境
(1) 硬件：微型计算机。
(2) 软件：Windows 7 操作系统、Office 2010 办公软件。

3. 实验内容

1) 新建文件夹

在桌面上新建一个文件夹，命名为自己的学号后两位+姓名，以下文件均保存到该文件夹中。

2) 复制素材并完成设置

将 ppt 素材文件夹中的"偶成.pptx"演示文稿和"偶成.mp3"音频文件复制到自己的文件夹中，打开该演示文稿，进行如下设置：

(1) 在第二张幻灯片之后插入一张幻灯片，版式为：标题和内容。
(2) 在第七张幻灯片之后插入两张幻灯片，版式均为：空白。
(3) 删除第十张和第十二张幻灯片(删除后还有十张幻灯片)。
(4) 在第一张幻灯片中完成以下操作：

① 插入第一行第一列的艺术字样式。文字内容为：偶成。文字格式为：黑体，96 号，绿色。文本填充为：渐变，深色变体，从左下角。文本效果为：阴影，透视，右上对角透视；发光，发光变体，靛蓝，18pt 发光，强调文字颜色 2；转换，弯曲，波形 1。

② 插入自己文件夹中的音频文件"偶成.mp3"。要求：跨幻灯片播放，循环播放直到停止，播放时不显示声音图标。

(5) 在第三张幻灯片中完成以下操作：

① 删除标题占位符。

② 在文本占位符的第一行输入"一、作者简介"，第二行输入"二、诗文鉴赏"，第三行输入"三、诗情解读"，第四行输入"四、书法欣赏"。

③ 删除文本占位符中的项目符号。

④ 设置文本占位符中的文字格式为：隶书，48 号，加粗，绿色；段落格式为：1.5 倍行距。设置文本占位符的形状快速样式为：细微效果-水绿色，强调颜色 1。

(6) 为每张幻灯片插入编号，并在页脚处输入自己的学号后两位+姓名。

(7) 在第四张幻灯片右边的占位符中插入 ppt 素材文件夹中的图片"朱熹.jpg"，设置图片的高度为 9.8 厘米，宽度为 7.5 厘米。

(8) 在第十张幻灯片中插入 ppt 素材文件夹中的图片"书法.jpg"，设置图片样式为：双框架，黑色。

(9) 将第十张幻灯片移动到第八张幻灯片之前。

(10) 在第九张幻灯片中插入一副自己喜欢的剪贴画，适当调整图片的大小和位置。

(11) 在第十张幻灯片中插入"泪滴形"形状，适当调整其大小和位置，设置形状填充为：渐变，变体，线性向左。设置形状效果为：阴影，透视，右下对角透视；映像，映像变体，半影像，4pt 偏移量；发光，发光变体，黑色，18pt 发光，强调文字颜色 4；三维旋转，透视，左向对比透视。

(12) 复制第三张幻灯片到第十张幻灯片之后，将第十一张幻灯片文本占位符中的文字转换为 SmartArt 图形中的"目标图列表"，SmartArt 样式设置为：强烈效果。

(13) 隐藏第九张幻灯片。

(14) 设置第一张幻灯片为一节，节名称为：首页；其余所有幻灯片为一节，节名称为：内容。

4. 实验步骤

1) 新建文件夹

在桌面上新建一个文件夹，命名为自己的学号后两位+姓名，以下文件均保存到该文件夹中。

2) 复制素材并完成设置

将 ppt 素材文件夹中的"偶成. pptx"演示文稿和"偶成.mp3"音频文件复制到自己的文件夹中，打开该演示文稿，进行如下设置：

(1) 在第二张幻灯片之后插入一张幻灯片，版式为：标题和内容。

选择第二张幻灯片，单击"开始"选项卡中的"幻灯片"组中的"新建幻灯片"下拉按钮，在下拉列表中选择"标题和内容"版式，插入一张新幻灯片。

(2) 在第七张幻灯片之后插入两张幻灯片，版式均为：空白。

参考(1)的步骤，插入两张"空白"版式的幻灯片。

(3) 删除第十张和第十二张幻灯片(删除后还有十张幻灯片)。

按住 Ctrl 键依次选择第十张和第十二张幻灯片，再按 Delete 键删除。

(4) 在第一张幻灯片中完成以下操作：

① 插入第一行第一列的艺术字样式。文字内容为：偶成。文字格式为：黑体，96 号，绿色。文本填充为：渐变，深色变体，从左下角。文本效果为：阴影，透视，右上对角透

视；发光，发光变体，靛蓝，18pt 发光，强调文字颜色 2；转换，弯曲，波形 1。

选择第一张幻灯片，单击"插入"选项卡中的"文本"组中的"艺术字"按钮，在下拉列表中选择第一行第一列的艺术字样式，在占位符中输入"偶成"。选中文字内容，单击"开始"选项卡中的"字体"组中的相应按钮设置文字格式为：黑体，96 号，绿色。单击"格式"选项卡中的"艺术字样式"组中的"文本填充"按钮，在下拉列表中设置：渐变，深色变体，从左下角。单击"文本效果"按钮，在下拉列表中设置：阴影，透视，右上对角透视；发光，发光变体，靛蓝，18pt 发光，强调文字颜色 2；转换，弯曲，波形 1。

② 插入自己文件夹中的音频文件"偶成.mp3"。要求：跨幻灯片播放，循环播放直到停止，播放时不显示声音图标。

单击"插入"选项卡中的"媒体"组中的"音频"按钮，打开"插入音频"对话框，在对话框中选择自己文件夹中的音频文件"偶成.mp3"，单击"插入"按钮。选中幻灯片中的音频图标，在"播放"选项卡中的"音频选项"组中进行如图 3-1 所示的设置。

图 3-1 "播放"选项卡

(5) 在第三张幻灯片中完成以下操作：

① 删除标题占位符。

选择第三张幻灯片中的标题占位符，按 Delete 键删除。

② 在文本占位符的第一行输入"一、作者简介"，第二行输入"二、诗文鉴赏"，第三行输入"三、诗情解读"，第四行输入"四、书法欣赏"。

单击文本占位符，输入要求的文本内容。

③ 删除文本占位符中的项目符号。

选中文本占位符中的文本内容，单击"开始"选项卡中的"段落"组中的"项目符号"按钮。

④ 设置文本占位符中的文字格式为：隶书，48 号，加粗，绿色；段落格式为：1.5 倍行距；文本占位符的形状快速样式为：细微效果-水绿色，强调颜色 1。

选中文本占位符，单击"开始"选项卡中的"字体"组中的相应按钮，设置文字格式为：隶书，48 号，加粗，绿色。单击"段落"组中的"行距"按钮，在下拉列表中选择：1.5。单击"格式"选项卡中的"形状样式"组中"快速样式"右下角的"其他"按钮，在下拉列表中选择：细微效果-水绿色，强调颜色 1。

(6) 为每张幻灯片插入编号，并在页脚处输入自己的学号后两位+姓名。

单击"插入"选项卡中的"文本"组中的"页眉和页脚"按钮，打开"页眉和页脚"

对话框，进行如图 3-2 所示的设置，页脚内容为自己学号后两位+姓名，单击"全部应用"按钮。

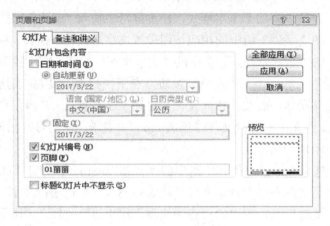

图 3-2 "页眉和页脚"对话框 1

(7) 在第四张幻灯片右边的占位符中插入 ppt 素材文件夹中的图片"朱熹.jpg"，设置图片的高度为：9.8 厘米，宽度为：7.5 厘米。

选择第四张幻灯片，单击右侧占位符中的"插入来自文件的图片"按钮，打开"插入图片"对话框，在对话框中选择 ppt 素材文件夹中的图片"朱熹.jpg"，单击"插入"按钮。选中图片，单击"格式"选项卡中的"大小"组中右下角的对话框启动器，打开"设置图片格式"对话框，取消"锁定纵横比"，设置图片的高度为 9.8 厘米，宽度为 7.5 厘米，单击"关闭"按钮。

(8) 在第十张幻灯片中插入 ppt 素材文件夹中的图片"书法.jpg"，设置图片样式为：双框架，黑色。

选择第十张幻灯片，单击"插入"选项卡中的"图像"组中的"图片"按钮，打开"插入图片"对话框，在对话框中选择 ppt 素材文件夹中的图片"书法.jpg"，单击"插入"按钮。选中图片，单击"格式"选项卡中的"图片样式"组中"快速样式"右下角的"其他"按钮，在列表中选择：双框架，黑色。

(9) 将第十张幻灯片移动到第八张幻灯片之前。

选择第十张幻灯片，按住鼠标左键将其拖动到第八张幻灯片之前。

(10) 在第九张幻灯片中插入一副自己喜欢的剪贴画，适当调整图片大小和位置。

选择第九张幻灯片，单击"插入"选项卡中的"图像"组中的"剪贴画"按钮，打开"剪贴画"任务窗格，单击"搜索"按钮，单击所需的剪贴画，适当调整图片的大小和位置。

(11) 在第十张幻灯片中插入"泪滴形"形状，适当调整其大小和位置，设置形状填充为：渐变，变体，线性向左。设置形状效果为：阴影，透视，右下对角透视；映像，映像变体，半映像，4pt 偏移量；发光，发光变体，黑色，18pt 发光，强调文字颜色 4；三维旋转，透视，左向对比透视。

选择第十张幻灯片，单击"插入"选项卡中的"插图"组中的"形状"按钮，在下拉列表中选择"基本形状"中的"泪滴形"工具,在幻灯片中拖动鼠标,则插入"泪滴形"形状,适当调整其大小和位置。选中该形状,单击"格式"选项卡中的"形状样式"组中的"形状填充"按钮,在下拉列表中设置:渐变,变体,线性向左。单击"形状效果"按钮,在下拉列表中设置:阴影,透视,右下对角透视;映像,映像变体,半影像,4pt 偏移量;发光,发光变体,黑色,18pt 发光,强调文字颜色 4;三维旋转,透视,左向对比透视。

(12) 复制第三张幻灯片到第十张幻灯片之后,将第十一张幻灯片文本占位符中的文字转换为 SmartArt 图形中的"目标图列表",SmartArt 样式设置为:强烈效果。

选择第三张幻灯片,右击,在快捷菜单中选择"复制",在第十张幻灯片之后右击,在快捷菜单中选择"粘贴选项"中的"保留源格式"。选中文本占位符中的所有文字,右击,在快捷菜单中选择"转换为 SmartArt",在下拉列表中选择"目标图列表",单击"设计"选项卡中的"SmartArt 样式"组中的"其他"按钮,选择"强烈效果"。

(13) 隐藏第九张幻灯片。

选择第九张幻灯片,右击,在快捷菜单中选择"隐藏幻灯片"。

(14) 设置第一张幻灯片为一节,节名称为:首页;其余所有幻灯片为一节,节名称为:内容。

选择第一张幻灯片,右击,在快捷菜单中选择"新增节",在新增的"无标题节"上右击,选择"重命名节",在打开的"重命名节"对话框中输入节名称"首页",单击"重命名"按钮。

选择第二张幻灯片,使用相同方法,新增"内容"节。

5. 实验思考

(1) 演示文稿和幻灯片的区别是什么?

(2) 创建演示文稿的方法有哪些?

(3) 隐藏幻灯片有什么作用?

3.3 演示文稿的美化和动态效果

1. 实验目的

(1) 掌握幻灯片主题、背景和母版的设置。

(2) 掌握幻灯片中对象动画效果的设置。

(3) 掌握幻灯片切换效果的设置。

(4) 掌握幻灯片超链接的设置。

2. 实验环境

(1) 硬件:微型计算机。

(2) 软件:Windows 7 操作系统、Office 2010 办公软件。

3. 实验内容

1) 新建文件夹

在桌面上新建一个文件夹，命名为自己的学号后两位+姓名，以下文件均保存到该文件夹中。

2) 复制素材1并完成设置

将上次实验完成的"偶成.pptx"演示文稿和ppt素材文件夹中的"书法赏析.docx"文档复制到自己的文件夹中，打开该演示文稿，进行如下设置：

(1) 设置主题、背景和母版。

① 设置第一张幻灯片背景格式的艺术效果为：玻璃。

② 设置第二张幻灯片的主题为：夏至。

③ 设置第六张幻灯片的背景格式为：渐变填充，"预设颜色"为：金色年华，"类型"为：射线，"方向"为：中心辐射。

④ 设置第十张幻灯片的背景格式为：图片或纹理填充，图片为ppt素材文件夹中的"书法.jpg"。设置后，适当调整幻灯片的形状，使页面更美观。

⑤ 为第八张幻灯片设置合适的背景。

⑥ 应用幻灯片母版为所有幻灯片添加艺术字，艺术字样式为：渐变填充-靛蓝，强调文字颜色6，内部阴影，文字内容为：偶成，适当调整艺术字的大小，并将其置于各张幻灯片的右下角。

(2) 设置超链接。

① 为第三张幻灯片中的各标题设置超链接。将"一、作者简介"链接到网页http://baike.so.com/doc/490207-519058.html；将"二、诗文鉴赏"链接到第五张幻灯片；将"三、诗情解读"链接到第七张幻灯片；将"四、书法欣赏"链接到"书法赏析.docx"。

② 在最后一张幻灯片的左下角插入"后退或前一项"动作按钮，将其链接到第一张幻灯片。

(3) 设置幻灯片的切换效果。

① 设置第一张幻灯片的切换效果为：时钟，效果选项为：逆时针，单击鼠标时换片。

② 设置第四张幻灯片的切换效果为：随机线条，效果选项为：垂直，自动换片时间2秒。

③ 为其他幻灯片设置合适的切换效果。

(4) 设置对象的动画效果。

① 设置第二张幻灯片上文字"劝学诗/偶成"的进入动画效果为：擦除，效果选项为：自左侧，持续时间1秒，单击鼠标时出现。

② 设置第四张幻灯片上图片的退出动画效果为：浮出，单击鼠标时退出。

③ 设置第八张幻灯片上图片的强调动画效果为：放大/缩小，效果选项的方向为：垂直，数量为：较大，持续时间3秒，单击鼠标时强调。

④ 为其他对象设置合适的动画效果。

(5) 放映演示文稿观赏其效果。

3) 复制素材 2 并完成设置

将 ppt 素材文件夹中的"动态效果.pptx"演示文稿复制到自己的文件夹中，进行如下设置：

(1) 设置第一张幻灯片中最左侧柳枝的强调动画效果为：跷跷板，与上一动画同时出现，持续时间 5 秒，直到幻灯片末尾结束该动画的重复。第一条柳枝的动画效果设置后，使用动画刷将动画应用到其他柳枝上，可适当设置其他柳枝动画的延迟时间。

(2) 设置第二张幻灯片中蓝色小球的动作路径动画效果为：形状，使其沿着幻灯片中的圆做圆周运动，单击鼠标时开始动画，持续时间 3 秒，平滑开始 1.5 秒，平滑结束 1.5 秒，直到下一次单击时结束该动画的重复。

(3) 为第三张幻灯片中 设置以下两个动画效果：

① 动作路径动画效果为：自定义路径，使其沿着枝干向上爬行到 所在位置，与上一动画同时出现，持续时间 5 秒。

② 退出动画效果为：消失，与上一动画同时出现，延迟时间 5 秒。

(4) 为第三张幻灯片中 设置以下三个动画效果：

① 出现动画效果为：淡出，与上一动画同时出现，持续时间 0.25 秒，延迟时间 5 秒。

② 动作路径动画效果为：自定义路径，使其沿着路径向右飞行，与上一动画同时出现，持续时间 4 秒，延迟时间 5 秒。

③ 强调动画效果为：放大/缩小，与上一动画同时出现，持续时间 0.01 秒，延迟时间 5 秒，自动翻转，直到幻灯片末尾结束该动画的重复。

4. 实验步骤

1) 新建文件夹

在桌面上新建一个文件夹，命名为自己的学号后两位+姓名，以下文件均保存到该文件夹中。

2) 复制素材 1 并完成设置

将上次实验完成的"偶成.pptx"演示文稿和 ppt 素材文件夹中的"书法赏析.docx"文档复制到自己的文件夹中，打开该演示文稿，进行如下设置：

(1) 设置主题、背景和母版。

① 设置第一张幻灯片背景格式的艺术效果为：玻璃。

选择第一张幻灯片，单击"设计"选项卡中的"背景"组中的"背景样式"按钮，在下拉列表中选择"设置背景格式"命令，打开"设置背景格式"对话框，选择"艺术效果"为：玻璃，单击"关闭"按钮。

② 设置第二张幻灯片的主题为：夏至。

选择第二张幻灯片，单击"设计"选项卡中的"主题"组中的"其他"按钮，在下拉列表中将鼠标定位到"夏至"主题后右击，在快捷菜单中选择"应用于选定幻灯片"。

③ 设置第六张幻灯片的背景格式为：渐变填充，设置"预设颜色"为：金色年华，"类型"为：射线，"方向"为：中心辐射。

选择第六张幻灯片，单击"设计"选项卡中的"背景"组右下角的对话框启动器，打开"设置背景格式"对话框，选择"填充"中的"渐变填充"，设置"预设颜色"为：金色年华，"类型"为：射线，"方向"为：中心辐射，单击"关闭"按钮。

④ 设置第十张幻灯片的背景格式为：图片或纹理填充，图片为 ppt 素材文件夹中的"书法.jpg"。设置后，适当调整该张幻灯片中的形状，使页面更美观。

选择第十张幻灯片，参考③的步骤，打开"设置背景格式"对话框，选择"填充"中的"图片或纹理填充"，单击"插入自"下的"文件"按钮，打开"插入图片"对话框，在对话框中选择 ppt 素材文件夹中的"书法.jpg"图片，依次单击"插入"按钮和"关闭"按钮，适当调整该张幻灯片中形状的大小和位置。

⑤ 为第八张幻灯片设置合适的背景。

选择第八张幻灯片，参考③的步骤，为该幻灯片设置合适的背景。

⑥ 应用幻灯片母版为所有幻灯片添加艺术字，艺术字样式为：渐变填充-靛蓝，强调文字颜色 6，内部阴影，文字内容为：偶成，适当调整艺术字的大小并将其置于各张幻灯片的右下角。

单击"视图"选项卡中的"母版视图"组中的"幻灯片母版"按钮，切换到"幻灯片母版"视图中。选择编号为 1 的"幻灯片母版"，单击"插入"选项卡中的"文本"组中的"艺术字"按钮，在下拉列表中选择"渐变填充-靛蓝，强调文字颜色 6，内部阴影"艺术字样式，在艺术字占位符中输入文字内容：偶成，适当调整艺术字的大小将其拖动到幻灯片的右下角，并将该艺术字复制到编号为 2 的"幻灯片母版"右下角位置，单击"幻灯片母版"选项卡中的"关闭"组中的"关闭母版视图"按钮。

(2) 设置超链接。

① 为第三张幻灯片中的各标题设置超链接。将"一、作者简介"链接到网页 http://baike.so.com/doc/490207-519058.html；将"二、诗文鉴赏"链接到第五张幻灯片；将"三、诗情解读"链接到第七张幻灯片；将"四、书法欣赏"链接到"书法赏析.docx"。

选中第三张幻灯片的第一个标题内容，单击"插入"选项卡中的"链接"组中的"超链接"按钮，打开"插入超链接"对话框，输入或复制网址到如图 3-3 所示位置，单击"确定"按钮。

图 3-3　"插入超链接"对话框 1

选中第二个标题内容，打开"插入超链接"对话框 2，进行如图 3-4 所示的设置，将其链接到第五张幻灯片，单击"确定"按钮。

图 3-4 "插入超链接"对话框 2

选中第三个标题内容，参考第二个标题内容插入超链接的步骤，将其链接到第七张幻灯片。

选中第四个标题内容，打开"插入超链接"对话框，参考图 3-3，在"链接到"中选择"现有文件或网页"，其中"查找范围"为自己的文件夹，选择"当前文件夹"中的"书法赏析.docx"，单击"确定"按钮。

② 在最后一张幻灯片的左下角插入"后退或前一项"动作按钮，将其链接到第一张幻灯片。

选择最后一张幻灯片，单击"插入"选项卡中的"插图"组中的"形状"按钮，在下拉列表中选择"动作按钮"的"后退或前一项"形状，在幻灯片左下角位置拖动鼠标可将选定的按钮添加到幻灯片中，释放鼠标，自动打开"动作设置"对话框，设置"单击鼠标时的动作"为：超链接到第一张幻灯片，单击"确定"按钮。

(3) 设置幻灯片的切换效果。

① 设置第一张幻灯片的切换效果为：时钟，效果选项为：逆时针，单击鼠标时换片。

选择第一张幻灯片，单击"切换"选项卡中的"切换到此幻灯片"组中的"时钟"效果，单击该组中的"效果选项"按钮，在下拉列表中选择"逆时针"，设置"计时"组中的"换片方式"为：单击鼠标时。

② 设置第四张幻灯片的切换效果为：随机线条，效果选项为：垂直，自动换片时间 2 秒。

选择第四张幻灯片，参考①的步骤，设置其切换效果为：随机线条，效果选项为：垂直。选择"计时"组中的"换片方式"中的"设置自动换片时间"复选框，在其后的微调框中设置时间为 2 秒。

③ 为其他幻灯片设置合适的切换效果。

依次选择其余的某张幻灯片，参考①的步骤，为其余幻灯片设置合适的切换效果。

(4) 设置对象的动画效果。

① 设置第二张幻灯片上文字"劝学诗/偶成"的进入动画效果为：擦除，效果选项为：自左侧，持续时间 1 秒，单击鼠标时出现。

选中第二张幻灯片上的文字"劝学诗/偶成",单击"动画"选项卡中的"动画"组中的"擦除",单击该组中的"效果选项"按钮,在下拉列表中选择"自左侧",在"计时"组中设置持续时间 1 秒,开始为:单击时。

② 设置第四张幻灯片上图片的退出动画效果为:浮出,单击鼠标时退出。

选中第四张幻灯片上的图片,单击"动画"选项卡中的"动画"组中的"其他"按钮,在下拉列表中选择"退出"类型中的"浮出",在"计时"组中设置开始为:单击时。

③ 设置第八张幻灯片上图片的强调动画效果为:放大/缩小,效果选项的方向为:垂直,数量为:较大,持续时间 3 秒,单击鼠标时强调。

选中第八张幻灯片上的图片,参考①和②的步骤,设置该对象的动画效果。

④ 为其他对象设置合适的动画效果。

依次选择其他对象,参考以上步骤为其设置合适的动画效果。

(5) 放映演示文稿观赏其效果。

单击"幻灯片放映"选项卡中的"开始放映幻灯片"组中的"从头开始"按钮。

3) 复制素材 2 并完成设置

将 ppt 素材文件夹中的"动态效果.pptx"演示文稿复制到自己的文件夹中,进行如下设置:

(1) 设置第一张幻灯片中最左侧柳枝的强调动画效果为:跷跷板,与上一动画同时出现,持续时间 5 秒,直到幻灯片末尾结束该动画的重复。第一条柳枝的动画效果设置后,使用动画刷将动画应用到其他柳枝上,可适当设置其他柳枝动画的延迟时间。

选中第一张幻灯片中最左侧柳枝,单击"动画"选项卡中的"动画"组中的"其他"按钮,在下拉列表中选择"强调"类型中的"跷跷板",在"计时"组中设置开始为:与上一动画同时,持续时间 5 秒。单击"高级动画"组中的"动画窗格"按钮,在"动画窗格"任务窗格中选中该动画,单击动画右侧的按钮,在下拉列表中选择"计时"命令,打开"跷跷板"对话框,在对话框中的"计时"选项卡中设置重复:直到幻灯片末尾,单击"确定"按钮。

设置完成后,选中已经设置动画的柳枝,双击"动画"选项卡中的"高级动画"组中的"动画刷"按钮,依次单击其他柳枝,最后单击"动画刷"按钮取消动画的复制。在"动画窗格"任务窗格中单击其他柳枝的动画,在"计时"组中适当设置该动画的延迟时间。

(2) 设置第二张幻灯片中蓝色小球的动作路径动画效果为:形状,使其沿着幻灯片中的圆做圆周运动,单击鼠标时开始动画,持续时间 3 秒,平滑开始 1.5 秒,平滑结束 1.5 秒,直到下一次单击时结束该动画的重复。

选中第二张幻灯片中的蓝色小球,单击"动画"选项卡中的"动画"组中的"其他"按钮,在下拉列表中选择"动作路径"类型中的"形状",则出现了"圆"动作路径,拖动路径周围的控制点,调整圆的大小和位置,使其与下方的圆形相吻合。

在"计时"组中设置开始为:单击时,持续时间 3 秒。在"动画窗格"任务窗格中选中该动画,单击动画右侧的按钮,在下拉列表中选择"效果选项"命令,打开"圆形扩展"对话框,在该对话框中的"效果"选项卡中设置:平滑开始 1.5 秒,平滑结束 1.5 秒,在"计时"选项卡中设置重复：直到下一次单击，单击"确定"按钮。

(3) 为第三张幻灯片中🐛设置以下两个动画效果：

① 动作路径动画效果为：自定义路径，使其沿着枝干向上爬行到🐜所在位置，与上一动画同时出现，持续时间5秒。

选中第三张幻灯片中的🐛，参考(2)的步骤，选择"动作路径"类型中的"自定义路径"，此时光标变为十字形，以🐛所在位置为起点，以🐜所在位置为终点，绘制一条线作为动画运动的路径，双击鼠标结束绘制。在"计时"组中设置开始为：与上一动画同时，持续时间5秒。

② 退出动画效果为：消失，与上一动画同时出现，延迟时间5秒。

再次选中🐛，单击"动画"选项卡中的"高级动画"组中的"添加动画"按钮，在下拉列表中选择"退出"类型中的"消失"。在"计时"组中设置开始为：与上一动画同时，延迟时间5秒。

(4) 为第三张幻灯片中🐜设置以下三个动画效果：

① 出现动画效果为：淡出，与上一动画同时出现，持续时间0.25秒，延迟时间5秒。

选中第三张幻灯片中的🐜，单击"动画"选项卡中的"动画"组中的"淡出"，在"动画"选项卡中的"计时"组中设置开始为：与上一动画同时，持续时间0.25秒，延迟时间5秒。

② 动作路径动画效果为：自定义路径，使其沿着路径向右飞行，与上一动画同时出现，持续时间4秒，延迟时间5秒。

再次选中🐜，单击"动画"选项卡中的"高级动画"组中的"添加动画"按钮，在下拉列表中选择"动作路径"类型中的"自定义路径"，此时光标变为十字形，以🐜所在位置为起点，向右绘制一条线作为动画运动的路径，双击鼠标结束绘制。在"计时"组中设置开始为：与上一动画同时，持续时间4秒，延迟时间5秒。

③ 强调动画效果为：放大/缩小，与上一动画同时出现，持续时间0.01秒，延迟时间5秒，自动翻转，直到幻灯片末尾结束该动画的重复。

再次选中🐜，重复上一步添加"强调"类型中的"放大/缩小"，在"计时"组中设置开始为：与上一动画同时，持续时间0.01秒，延迟时间5秒。单击"高级动画"组中的"动画窗格"按钮，在"动画窗格"任务窗格中选中"放大/缩小"动画，单击该动画右侧的按钮▼，在下拉列表中选择"效果选项"命令，打开"放大/缩小"对话框，在对话框中的"效果"选项卡中的"设置"列中选中"自动翻转"，在"计时"选项卡中设置重复：直到幻灯片末尾，单击"确定"按钮。

5. 实验思考

(1) 设置幻灯片的主题后，幻灯片会有什么变化？
(2) 如何设置幻灯片的背景？
(3) 在幻灯片的母版上进行操作有什么优点和缺点？
(4) 同一张幻灯片可以有多种切换效果吗？
(5) 同一个对象可以有多个动画效果吗？如何使同一个对象具有多个动画效果？

3.4　PowerPoint 2010 的高级应用

1. 实验目的
(1) 掌握幻灯片中各对象的动画效果设置。
(2) 掌握高级动画应用。

2. 实验环境
(1) 硬件：微型计算机。
(2) 软件：Windows 7 操作系统、Office 2010 办公软件。

3. 实验内容

1) 新建文件夹

在桌面上新建一个文件夹，命名为自己的学号后两位+姓名，以下文件均保存到该文件夹中。

2) 复制素材 1 并完成设置

将 ppt 素材文件夹中的"春天.pptx"演示文稿复制到自己的文件夹中，进行如下设置：
(1) 设置花朵的强调动画效果为：陀螺旋，与上一动画同时出现，持续时间 3 秒，自定义 20°顺时针，自动翻转，直到幻灯片末尾结束该动画的重复效果。

第一朵花的动画效果设置后，使用动画刷将动画应用到其他花朵上，可适当设置其他花朵动画的延迟时间。

(2) 设置小鸟和三朵白云的动作路径动画效果为：自定义路径，使小鸟向右飞翔，白云向左飘，与上一动画同时出现，适当调整持续时间和延迟时间，直到幻灯片末尾结束该动画的重复效果。

(3) 为太阳设置以下三个动画效果：
① 强调动画效果为：放大/缩小，与上一动画同时出现，持续时间 5 秒，自动翻转，直到幻灯片末尾结束该动画的重复效果。
② 强调动画效果为：陀螺旋，与上一动画同时出现，持续时间 5 秒，直到幻灯片末尾结束该动画的重复效果。
③ 强调动画效果为：脉冲，与上一动画同时出现，持续时间 2 秒，直到幻灯片末尾结束该动画的重复效果。

3) 复制素材 2 并完成设置

将 ppt 素材文件夹中的"彩虹.pptx"演示文稿复制到自己的文件夹中，进行如下设置：
(1) 为花朵设置以下两个动画效果：
① 进入动画效果为：上浮，与上一动画同时出现，持续时间 2 秒。
② 强调动画效果为：跷跷板，与上一动画同时出现，持续时间 6 秒，直到幻灯片末尾

结束该动画的重复效果。

(2) 设置彩虹的进入动画效果为：擦除，与上一动画同时出现，持续时间 3 秒，延迟时间 1 秒。

(3) 为白云设置以下两个动画效果：

① 进入动画效果为：圆形扩展，与上一动画同时出现，持续时间 3 秒，延迟时间 1.5 秒。

② 动作路径动画效果为：豆荚，与上一动画同时出现，持续时间 3 秒，延迟时间 1.75 秒，重复两次。

(4) 为热气球设置以下三个动画效果：

① 进入动画效果为：下浮，与上一动画同时出现，持续时间 2 秒，延迟时间 2 秒。

② 强调动画效果为：放大/缩小，方向为：两者，数量为：微小，与上一动画同时出现，持续时间 7 秒，延迟时间 4 秒。

③ 退出动画效果为：消失，与上一动画同时出现，持续时间 10.5 秒。

(5) 为天使 设置以下两个动画效果：

① 进入动画效果为：缩放，与上一动画同时出现，持续时间 3 秒，延迟时间 0.75 秒。

② 动作路径动画效果为：直线，方向为：下，与上一动画同时出现，持续时间 4 秒，适当调整动作路径。

(6) 设置小孩的进入动画效果为：淡出，上一动画之后出现，持续时间 0.75 秒。

(7) 为泡泡设置以下四个动画效果：

① 进入动画效果为：出现，上一动画之后出现，持续时间 0.25 秒。

② 动作路径动画效果为：自定义路径，使泡泡沿着路径上升，与上一动画同时出现，持续时间 2 秒，延迟时间 0.2 秒，直到幻灯片末尾结束该动画的重复效果。

③ 强调动画效果为：脉冲，与上一动画同时出现，持续时间 0.5 秒，延迟时间 0.25 秒，直到幻灯片末尾结束该动画的重复效果。

④ 强调动画效果为：陀螺旋，与上一动画同时出现，持续时间 2 秒，延迟时间 0.25 秒，直到幻灯片末尾结束该动画的重复效果。

设置后，将泡泡复制多份，可适当设置其他泡泡的大小、路径、开始方式、持续时间和延迟时间，使动画栩栩如生。

4) 完成教材 3.7 节高级应用中枫叶飘零的卷轴动画

4. 实验步骤

(1) 单个对象设置一个动画效果。

第一步：设置动画类型。选中对象，单击"动画"选项卡中的"动画"组中的"其他"按钮▼，在下拉列表中选择合适的动画类型。

第二步：简单效果选项。单击"动画"选项卡中的"动画"组中的"效果选项"按钮，在下拉列表中选择合适的效果。

第三步：简单时间处理。在"动画"选项卡中的"计时"组中设置。

第四步：复杂效果选项和时间处理。单击"动画"选项卡中的"高级动画"组中的"动画窗格"按钮，在"动画窗格"任务窗格中选中动画，单击动画后的按钮▼，在下拉列表中选择"效果选项"命令或"计时"命令。

(2) 单个对象设置多个动画效果。

如果为单个对象设置多个动画，则从第二个动画开始需要使用"添加动画"，单击"动画"选项卡中的"高级动画"组中的"添加动画"按钮，在下拉列表中选择合适的动画类型。

(3) 将某个对象的动画效果应用到其他对象上。

如果要将某个对象的动画效果应用到其他对象上，可以使用动画刷。选择已有动画效果的对象，单击"动画"选项卡中的"高级动画"组中的"动画刷"按钮★ 动画刷，此时鼠标指针旁边会多一个小刷子图标，单击目标对象可实现动画效果的复制；如果双击"动画刷"按钮，可以将同一个动画效果应用到多个对象中，应用结束后，单击"动画刷"按钮取消。

5. 实验思考

(1) 如何为一个对象添加多个动画效果？
(2) 如何将一个对象的动画效果应用到其他对象上？
(3) 如何为幻灯片中各对象的动画效果进行更详细的设置？

3.5　PowerPoint 2010 的综合应用

1. 实验目的

综合应用 PowerPoint 演示文稿制作软件的各种功能。

2. 实验环境

(1) 硬件：微型计算机。
(2) 软件：Windows 7 操作系统、Office 2010 办公软件。

3. 实验内容

1) 新建文件夹

在桌面上新建一个文件夹，命名为自己的学号后两位+姓名，以下文件均保存到该文件夹中。

2) 复制素材 1 并完成设置

将 ppt 素材文件夹中的"计算机分类.pptx"演示文稿复制到自己的文件夹中，打开该演示文稿，进行如下设置：

(1) 在第一张幻灯片之前插入一张新幻灯片，版式为：标题幻灯片。在标题占位符输入文字"计算机分类",删除副标题占位符。

(2) 在第一张幻灯片中插入 ppt 素材文件夹中的音频文件"01.mp3",设置为自动播放,在放映时隐藏声音图标。

(3) 将第三张幻灯片中的内容区域文字自动拆分为两张幻灯片进行展示。

(4) 将第六张幻灯片中的内容区域文字转换为 SmartArt 图形中的垂直框列表,更改 SmartArt 的颜色为:彩色,彩色范围-强调文字颜色 4 至 5,并设置该 SmartArt 样式为:三维,卡通。

(5) 将第二张幻灯片列表中的内容分别超链接到后面对应的幻灯片。

(6) 在第四、五、六张幻灯片右下角添加"自定义"动作按钮,将其链接到第二张幻灯片。设置该动作按钮的高度为 2 厘米,宽度为 4 厘米,并添加文字"返回目录",文字格式为:20 号,加粗,红色。

(7) 在最后一张幻灯片中插入艺术字"计算机",将该艺术字放于图片下方,艺术字快速样式为:渐变填充-蓝色,强调文字颜色 1,轮廓-白色。文本效果为:映像,映像变体,全映像,8pt 偏移量;发光,发光变体,青绿,18pt 发光,强调文字颜色 3。

(8) 为最后一张幻灯片中的图片添加进入动画效果为:形状,效果选项为:菱形,与上一动画同时出现,持续时间 1 秒,声音设置为:激光。分别为其他对象设置不同的动画效果。

(9) 设置第二张幻灯片切换效果为:立方体,效果选项为:自顶部,自动换片时间 2 秒;设置第三张幻灯片切换效果为:涟漪,效果选项为:从左下部,持续时间 2 秒。分别为其他幻灯片设置不同的切换效果。

(10) 除标题幻灯片外,其他幻灯片均包含幻灯片编号、日期和时间,并设置页脚内容为自己的姓名。

(11) 为演示文稿创建四个节,其中"封面"节包含第一张幻灯片,"目录"节包含第二张幻灯片,"结束"节包含最后一张幻灯片,其余幻灯片包含在"内容"节中。

(12) 删除演示文稿中所有幻灯片的备注文字信息。

3) 复制素材 2 并完成设置

将 ppt 素材文件夹中的"PowerPoint 2010 的界面.docx"文档复制到自己的文件夹中。

(1) 在自己的文件夹中新建一个名为"ppt 简介.pptx"的演示文稿,该演示文稿需要包含"ppt 简介素材.docx"文档中的所有内容,每一张幻灯片对应 Word 文档中的一页。其中 Word 文档中应用了"标题 1"、"标题 2"、"标题 3"样式的文本内容分别对应演示文稿中每张幻灯片的标题文字、第一级文本内容、第二级文本内容。

(2) 在第一张幻灯片中完成以下操作:

① 设置版式为:标题幻灯片,调整标题占位符大小,使内容显示在一行。

② 在副标题占位符中输入自己的姓名。

③ 在该幻灯片的右下角插入任意一幅剪贴画,设置该剪贴画相对于原始尺寸的缩放比例高度和宽度均为 120%。

④ 为标题设置进入动画效果为:随机线条,效果选项为:垂直,单击时出现,持续时

间1秒；为副标题设置强调动画效果为：闪烁，与上一动画同时出现，持续时间0.5秒，直到幻灯片末尾结束该动画的重复；为剪贴画设置动作路径动画效果为：弧形，效果选项为：靠左，与上一动画同时出现，并且指定动画顺序依次为：剪贴画、标题、副标题。

(3) 设置所有幻灯片的主题为：华丽。

(4) 将第二张幻灯片中的红色文本转换为SmartArt图形中的"垂直项目符号列表"，并分别将每个列表框链接到对应的幻灯片。

(5) 将第六张幻灯片从"4.占位符"开始拆分为标题同为"PowerPoint 2010基本要素"的两张幻灯片。

(6) 在第八张幻灯片中完成以下操作：

① 设置版式为：两栏内容。

② 删除左侧内容框中的项目符号。

③ 将"ppt简介素材.docx"文档中第7页的图3-1图片复制到右侧的内容框中，并适当调整图片大小和位置。

④ 将标题链接到"PowerPoint 2010的界面.docx"文档。

(7) 在第八张幻灯片后插入一张版式为"空白"的新幻灯片，完成以下操作：

① 复制素材"界面组成.docx"文档中的文本到该幻灯片中，将文本转换为SmartArt图形中的"不定向循环"，适当调整其大小和位置，并设置该SmartArt样式为：三维、优雅。

② 为SmartArt图形设置"出现"的进入动画效果，效果选项为：逐个。

(8) 为所有幻灯片设置"框"切换效果，每张幻灯片的自动放映时间为：2秒。

4. 实验步骤

1) 新建文件夹

在桌面上新建一个文件夹，命名为自己的学号后两位+姓名，以下文件均保存到该文件夹中。

2) 复制素材1并完成设置

将ppt素材文件夹中的"计算机分类.pptx"演示文稿复制到自己的文件夹中，打开该演示文稿，进行如下设置：

(1) 在第一张幻灯片之前插入一张新幻灯片，版式为：标题幻灯片。在标题占位符输入文字"计算机分类"，删除副标题占位符。

在第一张幻灯片前单击，出现一条闪烁的横线，单击"开始"选项卡中的"幻灯片"组中的"新建幻灯片"按钮，则插入一张新幻灯片，默认的幻灯片版式为"标题幻灯片"。在标题占位符输入文字"计算机分类"，选中副标题占位符，按Delete键删除。

(2) 在第一张幻灯片中插入ppt素材文件夹中的音频文件"01.mp3"，设置为自动播放，在放映时隐藏声音图标。

单击"插入"选项卡中的"媒体"组中的"音频"下拉按钮，在下拉列表中选择"文件中的音频"，打开"插入音频"对话框，选择ppt素材文件夹中的音频文件"01.mp3"，单击"插入"按钮。选中幻灯片中的音频图标,在"播放"选项卡中的"音频选项"组中设置开始为"自动",选中"放映时隐藏"。

(3) 将第三张幻灯片中的内容区域文字自动拆分为两张幻灯片进行展示。

选择第三张幻灯片,在内容区域中单击,文本框左下角会出现"自动调整选项"按钮 ,单击此按钮,在列表中选择"将文本拆分到两个幻灯片"。

(4) 将第六张幻灯片中的内容区域文字转换为 SmartArt 图形中的垂直框列表,更改 SmartArt 的颜色为:彩色,彩色范围-强调文字颜色 4 至 5,并设置该 SmartArt 样式为:三维,卡通。

选择第六张幻灯片,在内容区域中单击,单击"开始"选项卡中的"段落"组中的"转换为 SmartArt"按钮,在下拉列表中选择"其他 SmartArt 图形",打开"选择 SmartArt 图形"对话框,在对话框中选择"列表"类型中的"垂直框列表",单击"确定"按钮。选中该 SmartArt 图形,单击"设计"选项卡中的"SmartArt 样式"组中的"更改颜色"按钮,在下拉列表中选择"彩色,彩色范围-强调文字颜色 4 至 5",单击该组中的"其他"按钮 ,选择"三维"中的"卡通"。

(5) 将第二张幻灯片列表中的内容分别超链接到后面对应的幻灯片。

在第二张幻灯片列表中选择第一行文本内容,单击"插入"选项卡中的"链接"组中的"超链接"按钮,打开"插入超链接"对话框,进行如图 3-5 所示的设置,单击"确定"按钮,使用相同的方法为其余两行文本内容分别设置超链接到第五、六张幻灯片。

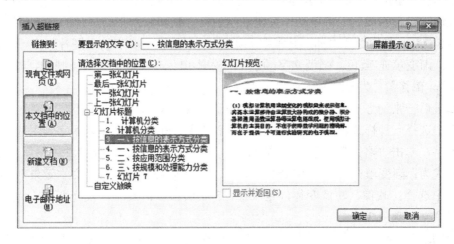

图 3-5 "插入超链接"对话框 3

(6) 在第四、五、六张幻灯片右下角添加"自定义"动作按钮,将其链接到第二张幻灯片。设置该动作按钮的高度为 2 厘米,宽度为 4 厘米,并添加文字"返回目录",文字格式为:20 号,加粗,红色。

选择第四张幻灯片,单击"插入"选项卡中的"插图"组中的"形状"按钮,在下拉列表中选择"动作按钮"的"自定义"形状,在幻灯片右下角位置,拖动鼠标可将选定的按钮添加到幻灯片中,释放鼠标,自动打开"动作设置"对话框,进行如图 3-6 所示的设置,将其链接到第二张幻灯片,连续两次单击"确定"按钮。

图 3-6 "自定义"动作按钮

选中该动作按钮,单击"格式"选项卡中的"大小"组右下角的对话框启动器,打开"设置形状格式"对话框,设置高度为 2 厘米,宽度为 4 厘米,单击"关闭"按钮。

右击该动作按钮,在快捷菜单中选择"编辑文字",光标闪烁处输入文字"返回目录"。选中文字内容,单击"开始"选项卡中的"字体"组中的相应按钮设置文字格式为:20 号,加粗,红色。设置完成后,将该动作按钮复制到第五张和第六张幻灯片的右下角位置。

(7) 在最后一张幻灯片中插入艺术字"计算机",将该艺术字放于图片下方,艺术字快速样式为:渐变填充-蓝色,强调文字颜色 1,轮廓-白色。文本效果为:映像,映像变体,全映像,8pt 偏移量;发光,发光变体,青绿,18pt 发光,强调文字颜色 3。

选择最后一张幻灯片,单击"插入"选项卡中的"文本"组中的"艺术字"按钮,在下拉列表中选择一种样式,在占位符中输入文字"计算机",拖动该艺术字到图片下方。选中该艺术字,单击"格式"选项卡中的"艺术字样式"组中的"其他"按钮,选择艺术字快速样式为:渐变填充-蓝色,强调文字颜色 1,轮廓-白色;单击"文本效果"按钮,在下拉列表中选择:映像,映像变体,全映像,8pt 偏移量;发光,发光变体,青绿,18pt 发光,强调文字颜色 3。

(8) 为最后一张幻灯片中的图片添加进入动画效果为:形状,效果选项为:菱形,与上一动画同时出现,持续时间 1 秒,声音设置为:激光。分别为其他对象设置不同的动画效果。

选择最后一张幻灯片中的图片,单击"动画"选项卡中的"动画"组中的"其他"按钮,在下拉列表中选择"动作路径"类型中的"形状",单击该组中的"效果选项"按钮,在下拉列表中选择"菱形",在"计时"组中设置开始:与上一动画同时,持续时间 1 秒。单击"高级动画"组中的"动画窗格"按钮,在"动画窗格"任务窗格中选中该动画,单击动画右侧的按钮,在下拉列表中选择"效果选项",打开"菱形"对话框,在"增强"列中设置声音为"激光",单击"确定"按钮。

选择其他对象，重复上一步设置不同的动画效果。

（9）设置第二张幻灯片切换效果为：立方体，效果选项为：自顶部，自动换片时间 2 秒；设置第三张幻灯片切换效果为：涟漪，效果选项为：从左下部，持续时间 2 秒。分别为其他幻灯片设置不同的切换效果。

选择第二张幻灯片，单击"切换"选项卡中的"切换到此幻灯片"组中的"其他"按钮，在下拉列表中选择"立方体"效果，单击"效果选项"按钮，在下拉列表中选择"自顶部"，在"计时"组的"换片方式"中选中"设置自动换片时间"复选框，在其后的微调框中设置时间为 2 秒。

选择第三张幻灯片，重复上一步设置切换效果为"涟漪"，效果选项为"从左下部"，持续时间 2 秒。同样的方法设置其余幻灯片的切换效果。

（10）除标题幻灯片外，其他幻灯片均包含幻灯片编号、日期和时间，并设置页脚内容为自己的姓名。

单击"插入"选项卡中的"文本"组中的"页眉和页脚"按钮，打开"页眉和页脚"对话框，进行如图 3-7 所示的设置，页脚内容为自己的姓名，单击"全部应用"按钮。

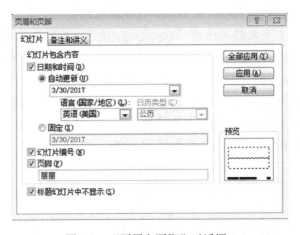

图 3-7 "页眉和页脚"对话框 2

（11）为演示文稿创建四个节，其中"封面"节包含第一张幻灯片，"目录"节包含第二张幻灯片，"结束"节包含最后一张幻灯片，其余幻灯片包含在"内容"节中。

在第一张幻灯片上右击，在快捷菜单中选择"新增节"，在新增的"无标题节"上右击，选择"重命名节"，在打开的"重命名节"对话框中输入节名称"封面"，单击"重命名"按钮。

依次选择第二张、第三张和最后一张幻灯片，使用相同方法，新增"目录"、"内容"和"结束"节。

（12）删除演示文稿中所有幻灯片的备注文字信息。

单击"文件"选项卡中的"信息"命令中的"检查问题"按钮，在下拉列表中选择"检查文档"命令，打开"文档检查器"对话框，在对话框中选择"演示文稿备注"，依次单击"检查"按钮、演示文稿备注后面的"全部删除"按钮和"关闭"按钮。

3) 复制素材 2 并完成设置

将 ppt 素材文件夹中的"PowerPoint 2010 的界面.docx"文档复制到自己的文件夹中。

(1) 在自己的文件夹中新建一个名为"ppt 简介.pptx"的演示文稿，该演示文稿需要包含"ppt 简介素材.docx"文档中的所有内容，每一张幻灯片对应 Word 文档中的一页。其中 Word 文档中应用了"标题 1"、"标题 2"、"标题 3"样式的文本内容分别对应演示文稿中每张幻灯片的标题文字、第一级文本内容、第二级文本内容。

通过"开始"菜单启动 PowerPoint 应用程序，单击"文件"选项卡中的"打开"命令，打开"打开"对话框，在该对话框中打开"ppt 简介素材.docx"文档所在的文件夹，文件类型选择"所有文件"，文件名称选择"ppt 简介素材.docx"文档，单击"打开"按钮，将该演示文稿保存在自己的文件夹中，命名为"ppt 简介.pptx"。

(2) 在第一张幻灯片中完成以下操作：

① 设置版式为：标题幻灯片，调整标题占位符大小，使内容显示在一行。

选择第一张幻灯片，单击"开始"选项卡中的"幻灯片"组中的"版式"按钮，在下拉列表中选择"标题幻灯片"版式，选中标题占位符，调整其大小，使内容显示在一行。

② 在副标题占位符中输入自己的姓名。在副标题占位符中单击，输入自己的姓名。

③ 在该幻灯片的右下角插入任意一幅剪贴画，设置该剪贴画相对于原始尺寸的缩放比例高度和宽度均为 120%。

单击"插入"选项卡的"图像"组中的"剪贴画"按钮，打开"剪贴画"任务窗格，在任务窗格单击"搜索"按钮，单击所需的剪贴画，并调整到幻灯片的右下角位置。单击"格式"选项卡中的"大小"组中右下角的对话框启动器，打开"设置图片格式"对话框，设置该剪贴画的缩放比例高度和宽度均为 120%，单击"关闭"按钮。

④ 为标题设置进入动画效果为：随机线条，效果选项为：垂直，单击时出现，持续时间 1 秒；为副标题设置强调动画效果为：闪烁，与上一动画同时出现，持续时间 0.5 秒，直到幻灯片末尾结束该动画的重复；为剪贴画设置动作路径动画效果为：弧形，效果选项为：靠左，与上一动画同时出现，并且指定动画顺序依次为：剪贴画、标题、副标题。

参考实验步骤 2)中(8)，按照顺序依次为标题、副标题和剪贴画设置合适的动画效果。设置完成后，单击"动画"选项卡中的"高级动画"组中的"动画窗格"按钮，通过单击"动画窗格"任务窗格下方的 重新排序 按钮进行重新排序。

(3) 设置所有幻灯片的主题为：华丽。

单击"设计"选项卡中的"主题"组中的"其他"按钮，在下拉列表中将鼠标定位到"华丽"主题后单击。

(4) 将第二张幻灯片中的红色文本转换为 SmartArt 图形中的"垂直项目符号列表"，并分别将每个列表框链接到对应的幻灯片。

在红色文本内容区域中单击，参考 2)中(4)的步骤，选择"列表"类型中的"垂直项目符号列表"，单击"确定"按钮。选中第一个列表框，参考 2)中(5)的步骤，设置超链接到第三张幻灯片。使用相同的方法为其余四个列表框设置超链接到第四、五、六、七张幻灯片。

(5) 将第六张幻灯片从"4.占位符"开始拆分为标题同为"PowerPoint 2010 基本要素"

的两张幻灯片。

选择第六张幻灯片，单击"视图窗格"中的"大纲"选项卡，将光标定位到"3.……在幻灯片上的排列方式。"后敲回车，连续单击"开始"选项卡中的"段落"组中的"降低列表级别"按钮，直到分为两张幻灯片，切换到"幻灯片"选项卡，将第六张幻灯片的标题"PowerPoint 2010 基本要素"复制到第七张幻灯片标题位置。

(6) 在第八张幻灯片中完成以下操作：

① 设置版式为：两栏内容。

选择第八张幻灯片，参考本题(2)中①的步骤设置。

② 删除左侧内容框中的项目符号。

在左侧内容框中单击，单击"开始"选项卡中的"段落"组中的"项目符号"按钮 ≔。

③ 将"ppt 简介素材.docx"文档中第 7 页的图 3-1 图片复制到右侧的内容框中，并适当调整图片大小和位置。

打开"ppt 简介素材.docx"文档，复制第 7 页的图 3-1 图片，在第八张幻灯片右侧的内容框中右击，在快捷菜单中选择"粘贴选项"中的"图片"，适当调整其大小和位置。

④ 将标题链接到"PowerPoint 2010 的界面.docx"文档。

选中标题，参考 2)中(5)的步骤，打开"插入超链接"对话框，在"链接到"中选择"现有文件或网页"，其中"查找范围"为自己的文件夹，选择"当前文件夹"中的"PowerPoint 2010 的界面.docx"文档，单击"确定"按钮。

(7) 在第八张幻灯片后插入一张版式为"空白"的新幻灯片，完成以下操作：

选择第八张幻灯片，单击"开始"选项卡中的"幻灯片"组中的"新建幻灯片"下拉按钮，在下拉列表中选择"空白"版式，则插入一张新幻灯片。

① 复制素材"界面组成.docx"文档中的文本到该幻灯片中，将文本转换为 SmartArt 图形中的"不定向循环"，适当调整其大小和位置，并设置该 SmartArt 样式为：三维，优雅。

复制素材"界面组成.docx"文档中的文本到该幻灯片中，参考 2) 中(4)的步骤进行 SmartArt 图形的设置。

② 为 SmartArt 图形设置"出现"的进入动画效果，效果选项为：逐个。

选中该 SmartArt 图形，参考 2) 中(8)的步骤，为 SmartArt 图形设置"出现"的进入动画效果，效果选项为"逐个"。

(8) 为所有幻灯片设置"框"切换效果，每张幻灯片的自动放映时间为 2 秒。

选择第一张幻灯片，单击"切换"选项卡中的"切换到此幻灯片"组中的"框"效果。在"计时"组的"换片方式"中选中"设置自动换片时间"复选框，在其后的微调框中设置时间为 2 秒，单击"全部应用"按钮。

5. 实验思考

(1) 如何将文字转换为 SmartArt 图形？

(2) 如何将幻灯片的内容区域文字自动拆分为两张幻灯片？

(3) 如何删除演示文稿中所有幻灯片的备注文字信息？

(4) 如何在 PowerPoint 中打开 Word 文档？

第 4 章　文字处理软件 Word 2010

本章学习文档的制作。通过本章的学习，掌握文字处理软件 Word 2010 的基本操作、文档排版、表格操作、图文混排和长文档编排等。本章所掌握的知识和技能，可以制作内容丰富、格式精美的各类文档，例如：论文、通知、简历、书籍、名片、宣传海报和贺卡等。

4.1　自主学习

1. 知识点

1) Word 2010 视图

"视图"是查看文档的方式，Word 2010 提供了五种视图，包括页面视图、大纲视图、阅读版式视图、Web 版式视图和草稿视图。用户可以选择最合适自己工作方式的"视图"，一般情况下默认为页面视图。

(1) 页面视图。页面视图适用于概览整个文档的总体效果，从而进行 Word 的各种操作。在该视图中可以显示页面大小、布局，编辑页眉和页脚，查看、调整页边距，处理分栏及图形对象等。

(2) 大纲视图。一般用大纲视图来查看和处理文档的结构，特别适合编辑含有大量章节的长文档，能让文档层次结构清晰，并可根据需要进行调整。

(3) 阅读版式视图。该视图适合用户查阅文档，用模拟阅读的方式让人感觉在翻阅书籍。

(4) Web 版式视图。如果要编排网页版式文章，可以将视图方式切换为 Web 版式。这种视图下编排出的文章样式与最终在 Web 页面中显示的样式是相同的，可以更直观地进行编辑。

(5) 草稿视图。该视图只显示字体、字号、字形、段落及行间距等最基本的格式，将页面的布局简化，适合快速键入文字或编辑并编排文字的格式。

2) 脚注和尾注

脚注和尾注都是一种注释方式，用于对文档进行解释、说明或提供参考资料。脚注通常出现在页面的底部，作为文档某处内容的说明；尾注一般位于文档的末尾，用于说明引用文献的来源。在同一个文档中可以同时包括脚注和尾注。

3) 批注

在修改 Word 文档时如果遇到一些不能确定是否要改的地方,可以通过插入 Word 批注的方法暂时做标记。审阅 Word 文档的过程中,审阅者对作者提出一些意见和建议时,可以通过 Word 批注来表达自己的意思。

4) 样式

样式是一组已命名的字符和段落格式的组合。例如:一篇文档有各级标题、正文、页眉和页脚等,它们分别有各自统一的字符格式和段落格式,这些格式可以定义为不同的样式。应用样式可以轻松、快捷地编排具有统一格式的段落,使文档格式严格保持一致。如果文档中的多个段落应用了样式,只要修改样式就可以修改文档中带有此样式的所有段落。

5) 邮件合并

"邮件合并"是指在邮件文档(主文档)的固定内容中,合并与发送信息相关的一组通信资料,从而批量生成需要的邮件文档,大大地提高工作效率。

"邮件合并"功能除了可以批量处理信函、信封等与邮件相关的文档外,还可以轻松地批量制作标签、工资条、成绩单等。

2. 技能点

文字处理软件 Word 2010 的实验主要包括五大方面:Word 2010 的基本操作、文档排版、图文混排、表格和高级应用。涉及的基本技能点有:

(1) Word 2010 的基本操作。

① 文档的新建、输入、保存、保护和打开操作。

② 文档的编辑操作,包括选定、插入、修改、删除、移动、复制、查找和替换等操作。

(2) 文档排版。

① 字符排版,包括字符的字体、字号、字形、颜色和字符间距等。

② 段落排版,包括对齐方式、段落缩进、行间距和段间距、项目符号和编号、边框和底纹等。

③ 页面排版,包括设置纸张大小、页边距、分页、分节、页眉页脚、首字下沉、分栏、脚注和尾注、页面背景、文字方向等。

(3) 图文混排。在文档中插入图片、剪贴画、艺术字、文本框、图形、SmartArt 等对象,并对该对象进行编辑和格式化操作。

(4) 表格。

① 编辑表格,包括调整表格的行高和列宽、插入或删除行列、编辑单元格内容、拆分和合并表格或单元格、表格和文本的相互转换等。

② 美化表格,包括表格内文字和表格的对齐方式、表格自动套用格式、边框和底纹、标题行重复、设置表格与文字的环绕等。

(5) 样式的使用,包括使用已有样式、新建样式、修改和删除样式等。

(6) 目录的创建和更新。

(7) 使用邮件合并功能批量生成需要的文档。

4.2　Word 2010 的基本操作

1. 实验目的

(1) 掌握 Word 2010 的启动和退出。

(2) 了解 Word 2010 窗口的组成。

(3) 掌握文档的新建、输入、保存、保护和打开操作。

(4) 掌握文档的编辑操作,包括选定、插入、修改、删除、移动、复制、查找和替换等。

(5) 了解各种视图的特点。

2. 实验环境

(1) 硬件：微型计算机。

(2) 软件：Windows 7 操作系统、Office 2010 办公软件。

3. 实验内容

在桌面上新建一个文件夹,命名为自己的学号后两位+姓名,将 Word 素材文件夹中的"荷塘月色"文档复制到自己的文件夹中,进行如下设置：

(1) 将所有的手动换行符替换为段落标记。

(2) 在第一段前插入新段,输入标题文字：荷塘月色。

(3) 在最后一段文字"北京清华园"前插入特殊符号：✎。

(4) 在最后一段文字"北京清华园"后插入新段,输入日期：一九二七年七月。

(5) 尝试删除正文第一段,再将其恢复。

(6) 将正文第二段移动到第三段后(两段的顺序调整)。

(7) 将文中所有的"荷塘"替换为"美丽的荷塘",并设置格式为：黑体,四号,绿色。

(8) 切换到"阅读版式视图"、"Web 版式视图"等视图下,观察不同视图的特点。

(9) 设置文档的打开权限密码为自己学号的最后两位。

(10) 设置保存自动恢复信息时间间隔为 5 分钟。

4. 实验步骤

在桌面上新建一个文件夹,命名为自己的学号后两位+姓名,将 Word 素材文件夹中的"荷塘月色"文档复制到自己的文件夹中,进行如下设置：

(1) 将所有的手动换行符替换为段落标记。

将光标移动到文档开头,单击"开始"选项卡中的"编辑"组中的"替换"按钮,打开"查找和替换"对话框,在对话框中单击"更多"按钮。光标定位在"查找内容"框中,单击"特殊格式"按钮，选择"手动换行符"。光标定位在"替换为"框中，单击"特殊格式"按钮，选择"段落标记"。单击"全部替换"按钮，依次单击"确定"按钮和"关闭"按钮。

(2) 在第一段前插入新段，输入标题文字：荷塘月色。

将光标定位到文档第一个字前，按回车键。将光标定位到文档第一行，输入标题文字。

(3) 在最后一段文字"北京清华园"前插入特殊符号✎。

将光标定位到最后一段文字"北京清华园"前，单击"插入"选项卡中的"符号"组中的"符号"按钮，选择"其他符号"，打开"符号"对话框，在"符号"选项卡的"字体"下拉列表中选择"Wingdings"，单击符号✎，依次单击"插入"按钮和"关闭"按钮。

(4) 在最后一段文字"北京清华园"后插入新段，输入日期：一九二七年七月。

将光标定位到最后一段文字后，按回车键，输入日期。

(5) 尝试删除正文第一段，再将其恢复。

选中正文第一段，按 Delete 键。单击"快速访问工具栏"中的"撤销清除"按钮 ↻ 恢复。

(6) 将正文第二段移动到第三段后(两段的顺序调整)。

选中正文第二段，按住鼠标左键将第二段拖动到第四段第一个文字前。

(7) 将文中所有的"荷塘"替换为"美丽的荷塘"，并设置格式为：黑体，四号，绿色。

将光标移动到文档开头，单击"开始"选项卡中的"编辑"组中的"替换"按钮，打开"查找和替换"对话框。光标定位在"查找内容"框中，输入"荷塘"。光标定位在"替换为"框中，输入"美丽的荷塘"，单击"格式"按钮，选择"字体"，打开"替换字体"对话框，设置格式为：黑体，四号，绿色，单击"确定"按钮。在"查找和替换"对话框中，单击"全部替换"按钮，依次单击"确定"按钮和"关闭"按钮。

(8) 切换到"阅读版式视图"、"Web 版式视图"等视图下，观察不同视图的特点。

单击"视图"选项卡，在"文档视图"组中单击需要的视图模式按钮。

(9) 设置文档的打开权限密码为自己学号的最后两位。

单击"文件"按钮，选择"信息"命令，在打开的界面中选择"保护文档"按钮，在打开的下拉菜单中选择"用密码进行加密"命令，打开"加密文档"对话框，输入自己学号的最后两位，单击"确定"按钮，再次输入密码，单击"确定"按钮。

(10) 设置保存自动恢复信息时间间隔为 5 分钟。

单击"文件"选项卡，选择"选项"命令，打开"Word 选项"对话框，选择"保存"选项，在"保存自动恢复信息时间间隔"框中输入 5，单击"确定"按钮。

5. 实验思考

(1) 文档的保存操作和另存为操作有什么不同？
(2) 如何用替换功能为多个文字进行相同的格式设置？
(3) 文本的移动和复制有什么区别？
(4) 文档的各种视图有什么不同的特点？

4.3 文档排版

1．实验目的

(1) 掌握 Word 文档的字符排版，包括字符的字体、字号、字形、颜色和字符间距等。

(2) 掌握 Word 文档的段落排版，包括对齐方式、段落缩进、行间距和段间距、项目符号和编号、边框和底纹等。

(3) 掌握 Word 文档的页面排版，包括设置纸张大小、页边距、分页、分节、页眉和页脚、首字下沉、分栏、脚注和尾注、页面背景、文字方向等。

2．实验环境

(1) 硬件：微型计算机。

(2) 软件：Windows 7 操作系统、Office 2010 办公软件。

3．实验内容

1) 新建文件夹

在桌面上新建一个文件夹，命名为自己的学号后两位+姓名，以下文件均保存到该文件夹中。

2) 复制素材 1 并完成设置

将 Word 素材文件夹中的"落叶"文档复制到自己的文件夹中，进行如下设置，效果如图 4-1 所示。

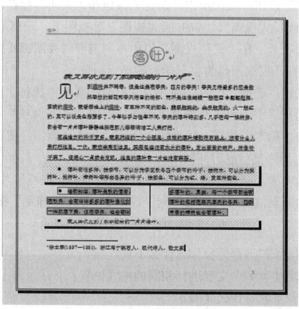

图 4-1 "落叶"文档格式化效果

(1) 字符排版。

① 将标题文字"落叶"设置为：幼圆，二号，绿色，带圈字符—增大圈号；将文字"叶"的字符位置提升 3 磅。

② 将正文第一段文字设置为：倾斜，字符缩放 150%；将该段中的文字"落叶"设置"上标"效果。

③ 给正文第四段文字加蓝色双波浪线下划线。

④ 将文中所有的"叶子"设置为：绿色，加粗(使用替换功能)。

⑤ 将正文第四段"叶子"的格式复制给正文第二段的所有"落叶"(使用格式刷)。

(2) 段落排版。

① 将标题段落设置为：居中对齐，并将正文第二段和第三段合并成一段。

② 将正文段落设置为：首行缩进 2 字符，行间距 20 磅。

③ 为正文第四段段落添加边框：带阴影双实线，黄色，0.5 磅线宽；添加底纹：图案样式为 30%，颜色为浅绿色。

④ 为正文第五段文字添加边框：单实线，蓝色，0.25 磅线宽；添加底纹：填充为橙色。

⑤ 为正文第四段和第五段设置项目符号(项目符号任选一个)。

⑥ 复制正文第一段，放置于最后一段之后，并使用格式刷将第四段的段落格式复制给该段。

(3) 页面排版。

① 将正文第二段设置为：首字下沉两行，幼圆，距正文 1 厘米。

② 将正文第五段分为两栏，栏宽 6 厘米，栏间加分隔线。

③ 为文档设置页眉"落叶"，左对齐；在页面底端插入页码，右对齐；页眉页脚距边界 1.8 厘米。

④ 将文档的页面颜色设置为：蓝色，强调文字颜色 1，淡色 80%。

⑤ 为标题文字"落叶"插入尾注，自定义标记为"*"，内容为"作者：徐志摩(1897—1931)，浙江海宁硖石人，现代诗人、散文家"。

⑥ 为页面设置边框，格式为：阴影，蓝色，双实线，1.5 磅。

3) 复制素材 2 并完成设置

将 Word 素材文件夹中的"计算机设计社团简介"文档复制到自己的文件夹中，进行如下设置：

(1) 字符排版。

① 将标题文字"计算机设计社团简介"设置为：黑体，二号，加粗，字符间距加宽 2 磅。

② 将正文文字设置为：楷体，小四。

(2) 段落排版。

① 将标题段设置为：居中对齐，段前段后间距均为 12 磅。

② 将正文段落设置为：两端对齐，首行缩进 2 字符，行间距为 1.75 倍行距。

(3) 页面排版。

① 在页面底端插入页码，页码居中对齐，页码编号格式为"-1-"。
② 将文档的页边距设置为：左、右边距均为 3 厘米，上、下边距均为 2 厘米。
③ 设置文档的纸张大小为 B5。

4. 实验步骤

1) 新建文件夹

在桌面上新建一个文件夹，命名为自己的学号后两位+姓名，以下文件均保存到该文件夹中。

2) 复制素材 1 并完成设置

将 Word 素材文件夹中的"落叶"文档复制到自己的文件夹中，进行如下设置，效果如图 4-1 所示。

(1) 字符排版。

① 将标题文字"落叶"设置为：幼圆，二号，绿色，带圈字符—增大圈号；将文字"叶"的字符位置提升 3 磅。

选中标题文字"落叶"，在"开始"选项卡中的"字体"组中设置：幼圆，二号，绿色。单击 ⊕ 按钮，打开"带圈字符"对话框，选择"增大圈号"样式，单击"确定"按钮。选中文字"叶"，单击"字体"组右下角的对话框启动器 ，打开"字体"对话框，选择"高级"选项卡，在"位置"框中选择"提升"，在"磅值"框中设置 3 磅，单击"确定"按钮。

② 将正文第一段文字设置为：倾斜，字符缩放 150%；将该段中的文字"落叶"设置"上标"效果。

选中正文第一段文字，单击"开始"选项卡中的"字体"组中的 *I* 按钮。单击"字体"组右下角的对话框启动器 ，打开"字体"对话框，选择"高级"选项卡，在"缩放"框中选择"150%"，单击"确定"按钮。选中文字"落叶"，单击"开始"选项卡中的"字体"组中的 x² 按钮。

③ 给正文第四段文字加蓝色双波浪线下划线。

选中正文第四段文字，单击"字体"组右下角的对话框启动器 ，打开"字体"对话框，选择"字体"选项卡，在"下划线线型"框中选择"双波浪线"，在"下划线颜色"框中选择"蓝色"，单击"确定"按钮。

④ 将文中所有的"叶子"设置为：绿色，加粗。(使用替换功能)

将光标移动到文档开头，单击"开始"选项卡中的"编辑"组中的"替换"按钮，打开"查找和替换"对话框，在对话框中单击"更多"按钮。光标定位在"查找内容"框中，输入"叶子"。光标定位在"替换为"框中，输入"叶子"，单击"格式"按钮，选择"字体"，打开"替换字体"对话框，设置字体格式为：绿色，加粗，单击"确定"按钮。在"查找和替换"对话框中，单击"全部替换"按钮，依次单击"确定"按钮和"关闭"按钮。

⑤ 将正文第四段"叶子"的格式复制给正文第二段的所有"落叶"。(使用格式刷)

选中正文第四段文字"叶子"，双击"开始"选项卡中的"剪贴板"组中的"格式刷"

按钮 ![格式刷],然后用鼠标分别拖曳经过正文第二段的所有"落叶",再次单击"格式刷"按钮结束格式复制操作。

(2) 段落排版。

① 将标题段落设置为:居中对齐,并将正文第二段和第三段合并成一段。

选中标题段落,单击"开始"选项卡中的"段落"组中的"居中"按钮,并删除第二段的段落标记。

② 将正文段落设置为:首行缩进 2 字符,行间距 20 磅。

选中正文段落,单击"开始"选项卡中的"段落"组右下角的对话框启动器,打开"段落"对话框,在"特殊格式"下拉列表中选"首位缩进","磅值"设为 2 字符;在"行距"下拉列表中选"固定值","设置值"为 20 磅,单击"确定"按钮。

③ 为正文第四段段落添加边框:带阴影双实线,黄色,0.5 磅线宽;添加底纹:图案样式为 30%,颜色为浅绿色。

选中正文第四段段落,单击"开始"选项卡中的"段落"组中的"下框线"按钮右边的下拉按钮,选择"边框和底纹"命令,打开"边框和底纹"对话框。在"应用于"框中选择"段落",设置为:阴影,双实线,黄色 0.5 磅线宽。打开"底纹"选项卡,在"应用于"框中选择"段落",设置图案样式为 30%,颜色为浅绿色,单击"确定"按钮。

④ 为正文第五段文字添加边框:单实线,蓝色,0.25 磅线宽;添加底纹:填充为橙色。

选中正文第五段文字,单击"开始"选项卡中的"段落"组中的"边框和底纹"按钮右边的下拉按钮,选择"边框和底纹"命令,打开"边框和底纹"对话框。在"应用于"框中选择"文字",设置为:单实线,蓝色,0.25 磅线宽。打开"底纹"选项卡,在"应用于"框中选择"文字",设置填充为橙色,单击"确定"按钮。

⑤ 为正文第四段和第五段设置项目符号(项目符号任选一个)。

选中正文第四段和第五段,单击"开始"选项卡中的"段落"组中的"项目符号"按钮。

⑥ 复制正文第一段,放置于最后一段之后,并使用格式刷将第四段的段落格式复制给该段。

光标定位于最后一段文字后,按回车键。选中正文第一段,单击"开始"选项卡中的"剪贴板"组中的"复制"按钮。光标定位于文档最后一个段落标记前,单击"开始"选项卡中的"剪贴板"组中的"粘贴"按钮。选中正文第四段,单击"开始"选项卡中的"剪贴板"组中的"格式刷"按钮 ![格式刷],然后用鼠标拖曳经过正文最后一段。

(3) 页面排版。

① 将正文第二段设置为:首字下沉两行,幼圆,距正文 1 厘米。

将光标定位于正文第二段,单击"插入"选项卡中的"文本"组中的"首字下沉"按钮,在下拉列表中选择"首字下沉选项"命令,打开"首字下沉"对话框,设置为:首字下沉两行,字体为幼圆,距正文 1 厘米,单击"确定"按钮。

② 将正文第五段分为两栏,栏宽 6 厘米,栏间加分隔线。

选中正文第五段,单击"页面布局"选项卡中的"页面设置"组中的"分栏"按钮,选择"更多分栏"命令,打开"分栏"对话框。选择两栏,宽度设为 6 厘米,选中"分隔线"复选框,单击"确定"按钮。

③ 为文档设置页眉"落叶",左对齐;在页面底端插入页码,右对齐;页眉页脚距边界 1.8 厘米。

单击"插入"选项卡中的"页眉和页脚"组中的"页眉"按钮,选择"编辑页眉"命令,进入页眉编辑区,输入文字"落叶"。单击"开始"选项卡中的"段落"组中的"文本左对齐"按钮。单击"插入"选项卡中的"页眉和页脚"组中的"页码"按钮,选择"页面底端"命令,在打开的列表中选择"普通数字 3"。在"设计"选项卡中的"位置"组中设置页眉页脚距边界 1.8 厘米,单击"关闭页眉和页脚"按钮。

④ 将文档的页面颜色设置为:蓝色,强调文字颜色 1,淡色 80%。

单击"页面布局"选项卡中的"页面背景"组中的"页面颜色"按钮,选择"蓝色,强调文字颜色 1,淡色 80%"。

⑤ 为标题文字"落叶"插入尾注,自定义标记为"*",内容为"作者:徐志摩(1897—1931),浙江海宁硖石人,现代诗人、散文家"。

光标定位在标题文字"落叶"后,单击"引用"选项卡中的"脚注"组右下角的对话框启动器 ,打开"脚注和尾注"对话框,位置设置为"尾注",选择自定义标记为"*",单击"插入"按钮,输入尾注内容。

⑥ 为页面设置边框,格式为:阴影,蓝色,双实线,1.5 磅。

单击"开始"选项卡中的"段落"组中的"边框和底纹"按钮右边的下拉按钮,选择"边框和底纹"命令,打开"边框和底纹"对话框,在"页面边框"选项卡中选择"阴影,蓝色,双实线,1.5 磅",单击"确定"按钮。

3) 复制素材 2 并完成设置

将 Word 素材文件夹中的"计算机设计社团简介"文档复制到自己的文件夹中,进行如下设置:

(1) 字符排版。

① 将标题文字"计算机设计社团简介"设置为:黑体,二号,加粗,字符间距加宽 2 磅。

选中标题文字,单击"开始"选项卡中的"字体"组右下角的对话框启动器 ,打开"字体"对话框进行设置,完成后单击"确定"按钮。

② 将正文文字设置为:楷体,小四。

选中正文文字,单击"开始"选项卡中的"字体"组中的相应按钮进行设置。

(2) 段落排版。

① 将标题段设置为:居中对齐,段前段后间距均为 12 磅。

光标置于标题段落,单击"开始"选项卡中的"段落"组右下角的对话框启动器 ,打开"段落"对话框,设置对齐方式为居中,段前段后间距均为 12 磅,单击"确定"按钮。

② 将正文段落设置为:两端对齐,首行缩进 2 字符,行间距为 1.75 倍行距。

选中正文段落,参考①进行设置。

(3) 页面排版。

① 在页面底端插入页码，页码居中对齐，页码编号格式为"-1-"。

单击"插入"选项卡中的"页眉和页脚"组中的"页码"按钮，选择"设置页码格式"命令，打开"页码格式"对话框，将页码编号格式设置为"-1-"，单击"确定"按钮。再次单击"页码"按钮，选择"页面底端"命令，在打开的列表中选择"普通数字2"，单击"关闭页眉和页脚"按钮。

② 将文档的页边距设置为：左、右边距均为3厘米，上、下边距均为2厘米。

单击"页面布局"选项卡中的"页面设置"组右下角的对话框启动器，打开"页面设置"对话框，将页边距设置为：左、右边距均为3厘米，上、下边距均为2厘米，单击"确定"按钮。

③ 设置文档的纸张大小为B5。

单击"页面布局"选项卡中的"页面设置"组中的"纸张大小"按钮，选择"B5"。

5. 实验思考

(1) 项目符号和项目编号有什么不同？
(2) 为文字、段落、页面设置边框有什么区别？
(3) 首字下沉和悬挂下沉有什么区别？
(4) 脚注和尾注有什么不同？

4.4 图文混排和表格

1. 实验目的

(1) 掌握图文混排设计，包括图片、剪贴画、艺术字、文本框、图形、SmartArt等对象的插入、编辑和格式化操作。

(2) 掌握表格的编辑操作，包括调整表格的行高和列宽、插入或删除行列、编辑单元格内容、拆分和合并表格或单元格、表格和文本的相互转换等。

(3) 掌握表格的美化操作，包括表格内文字和表格的对齐方式、表格自动套用格式、边框和底纹、标题行重复、设置表格与文字的环绕等。

2. 实验环境

(1) 硬件：微型计算机。
(2) 软件：Windows 7操作系统、Office 2010办公软件。

3. 实验内容

1) 新建文件夹

在桌面上新建一个文件夹，命名为自己的学号后两位+姓名，以下文件均保存到该文件夹中。

2) 制作社团宣传海报

为了宣传新学期的社团纳新活动，需要制作一张社团的宣传海报，效果如图 4-2 所示。

图 4-2　社团宣传海报

(1) 新建一个 Word 文档，命名为：社团宣传海报。

(2) 将文档的页面颜色设置为："新闻纸"纹理填充效果。

(3) 插入三组艺术字。

① 样式为：渐变填充-黑色，轮廓-白色，外部阴影；文字内容为：计算机设计；文字字体为：华文行楷；文字"计算机"字号为 48，文字"设计"字号为 72。

② 样式为：填充-红色，强调文字颜色 2，粗糙棱台；文字内容为：社团招新；文字字体为：黑体；文字"社"字号为 120，文字"团招新"字号为 80；文本轮廓为：黑色，文字 1；文本效果为：三维旋转，平行，离轴 1 右。

③ 样式为：填充-红色，强调文字颜色 2，粗糙棱台；文字内容为：JOIN US；文字格式为：黑体，48；文本轮廓为：黑色，文字 1；文本效果为：三维旋转，平行，离轴 1 右。

(4) 插入两个圆角矩形。

① 小圆角矩形的形状样式为：强烈效果-红色，强调颜色 2；形状轮廓为：黑色，文字 1；为圆角矩形添加文字：青春飞扬　梦想起航；文字格式为：黑体，小一，白色，背景 1。

② 大圆角矩形的形状轮廓为：黑色，文字 1，方点虚线；形状填充为：无填充颜色。

③ 调整两个圆角矩形的大小和位置，将两个圆角矩形组合起来。

(5) 插入两个文本框。

① 输入文字“报名时间：9 月 10 日 8:00—12:00 报名地点：4103 教室”；文本框形状样式为：无填充颜色、无轮廓；文字格式为：黑体，二号，加粗，黑色，文字 1。

② 输入文字“加入我们吧！团队有你才完整！”，文本框形状样式为：无填充颜色，无轮廓；文字格式为：华文行楷，一号，加粗，深红色。

(6) 插入 Word 素材文件夹中的图片文件“团队.jpg”，设置为“四周型环绕”，高度 5 厘米，置于文档底部。

(7) 插入两个“云形标注”形状。设置形状填充和形状轮廓均为：白色，背景 1，调整大小放置于合适位置。

(8) 插入 Word 素材文件夹中的“鸟 1.png”和“鸟 2.png”两个图片文件，设置为“四周型环绕”，调整大小放置于文档顶部。

3) 制作会员申请表

为了让申请加入社团的同学填写会员申请表，需要制作该表格，效果如图 4-3 所示。

<table>
<tr><td colspan="5">会员申请表</td></tr>
<tr><td>姓 名</td><td></td><td>性 别</td><td></td><td rowspan="4">照片粘贴处</td></tr>
<tr><td>出生日期</td><td></td><td>政治面貌</td><td></td></tr>
<tr><td>所在班级</td><td></td><td>学号</td><td></td></tr>
<tr><td>系职务</td><td></td><td>班级职务</td><td></td></tr>
<tr><td>身份证号</td><td colspan="4"></td></tr>
<tr><td>联系地址</td><td colspan="4"></td></tr>
<tr><td>联系电话</td><td></td><td>电子信箱</td><td colspan="2"></td></tr>
<tr><td>计算机水平</td><td></td><td>外语水平</td><td colspan="2"></td></tr>
<tr><td>特长
爱好</td><td colspan="4"></td></tr>
<tr><td>学习和社会实践经历</td><td colspan="4"></td></tr>
<tr><td>申请入团的原因和期望</td><td colspan="4"></td></tr>
</table>

图 4-3　会员申请表

(1) 新建一个 Word 文档,命名为:会员申请表。
(2) 制作会员申请表并输入文字。
(3) 将标题文字"会员申请表"设置为:黑体,小二,加粗;将表格内其他文字设置为:宋体,小四。
(4) 将表格内所有文字的对齐方式设置为:水平居中。

4) 制作课程表

新建一个 Word 文档,命名为:课程表,效果如图 4-4 所示。

课程表

节次\星期	星期一	星期二	星期三	星期四	星期五	星期六
上午 1-2节						
上午 3-4节						
下午 5-6节						
下午 7-8节						
晚上 9-10节						

图 4-4 课程表

(1) 文档的纸张方向为横向。
(2) 标题文字"课程表"的文字格式为:黑体,二号,加粗,居中对齐。
(3) 制作课程表,输入文字并进行格式设置。
① 设置表格所有行高为 1.5 厘米,所有列宽为 3.5 厘米,表格的对齐方式为:居中。
② 为表格设置边框,外边框为:黑色,文字 1,双线,1.5 磅;内边框为:蓝色,单线,1.5 磅;上午和下午、下午和晚上的分隔线设置为红色。
③ 绘制斜线表头,并将表格内所有文字的格式设置为:宋体,小四;文字的对齐方式设置为:水平居中。
④ 为表格设置底纹。第一行设置为:浅蓝色底纹。第一列除斜线表头外设置为:黄色底纹。
⑤ 在空单元格中输入本人本学期的课程名称,包括选修课。

4. 实验步骤

1) 新建文件夹

在桌面上新建一个文件夹,命名为自己的学号后两位+姓名,以下文件均保存到该文件夹中。

2) 制作社团宣传海报

为了宣传新学期的社团纳新活动，需要制作一张社团的宣传海报，效果如图 4-2 所示。

(1) 新建一个 Word 文档，命名为：社团宣传海报。

在自己的文件夹中右击，在快捷菜单中选择新建一个 Word 文档。对此文档右击，在快捷菜单中选择重命名，将文档重新命名。

(2) 将文档的页面颜色设置为："新闻纸"纹理填充效果。

单击"页面布局"选项卡中的"页面背景"组中的"页面颜色"按钮，选择"填充效果"命令，打开"填充效果"对话框。在"纹理"选项卡中选择"新闻纸"纹理填充效果，单击"确定"按钮。

(3) 插入三组艺术字。

① 样式为：渐变填充-黑色，轮廓-白色，外部阴影；文字内容为：计算机设计；文字字体为：华文行楷；文字"计算机"字号为 48，文字"设计"字号为 72。

单击"插入"选项卡中的"文本"组中的"艺术字"按钮，选择样式：渐变填充-黑色，轮廓-白色，外部阴影；输入文字内容：计算机设计。选中文字，单击"开始"选项卡中的"字体"组中的相应按钮设置文字格式。

② 样式为：填充-红色，强调文字颜色 2，粗糙棱台；文字内容为：社团招新；文字字体为：黑体；文字"社"字号为 120，文字"团招新"字号为 80；文本轮廓为：黑色，文字 1；文本效果为：三维旋转，平行，离轴 1 右。

参考①插入艺术字，并进行文字颜色、字体、字号的格式设置。选中文字，单击"格式"选项卡中"艺术字样式"组中的"文本轮廓"按钮，在下拉列表中选择黑色，文字 1。单击该组中的"文本效果"按钮，在下拉列表中选择三维旋转，平行，离轴 1 右。

③ 样式为：填充-红色，强调文字颜色 2，粗糙棱台；文字内容为：JOIN US；文字格式为：黑体，48；文本轮廓为：黑色，文字 1；文本效果为：三维旋转，平行，离轴 1 右。

参考①插入艺术字，并进行格式设置。

以上操作完成后，参考图 4-2 适当调整其位置。

(4) 插入两个圆角矩形。

① 小圆角矩形的形状样式为：强烈效果-红色，强调颜色 2；形状轮廓为：黑色，文字 1；为矩形添加文字：青春飞扬 梦想起航；文字格式为：黑体，小一，白色，背景 1。

单击"插入"选项卡中的"插图"组中的"形状"按钮，在下拉列表中选择圆角矩形，拖动鼠标完成绘制。在"格式"选项卡中"形状样式"组中选择形状样式为强烈效果-红色，强调颜色 2。单击该组中的"形状轮廓"按钮，在下拉列表中选择黑色，文字 1。在矩形上右击，在快捷菜单中选择"添加文字"命令，输入文字。选中文字后在"开始"选项卡中的"字体"组中设置文字格式为：黑体，小一，白色，背景 1。

② 大圆角矩形的形状轮廓为：黑色，文字 1，方点虚线；形状填充为：无填充颜色。

参考①插入圆角矩形，并进行格式设置。

③ 调整两个圆角矩形的大小和位置，将两个圆角矩形组合起来。

拖动鼠标左键调整两个圆角矩形的大小和位置，按住 Shift 键同时选中两个圆角矩形，在大圆角矩形外框上右击,在打开的快捷菜单中单击"组合"命令,在打开的列表中选择"组合"命令。

(5) 插入两个文本框。

① 输入文字"报名时间:9 月 10 日 8:00—12:00 报名地点:4103 教室";文本框形状样式为:无填充颜色,无轮廓;文字格式为:黑体,二号,加粗,黑色,文字 1。

单击"插入"选项卡中的"文本"组中的"文本框"按钮,在下拉列表中选择"绘制文本框"命令,拖动鼠标左键绘制文本框,并在文本框中输入要求的文字。单击"格式"选项卡中"形状样式"组中的"形状填充"按钮,在下拉列表中选择无填充颜色。单击该组中的"形状轮廓"按钮,在下拉列表中选择无轮廓。选中文本框中的文字,在"开始"选项卡中的"字体"组中设置文字格式为:黑体,二号,加粗,黑色,文字 1。

② 输入文字"加入我们吧!团队有你才完整!",文本框形状样式为:无填充颜色,无轮廓;文字格式为:华文行楷,一号,加粗,深红色。

参考①插入文本框,并进行格式设置。

以上操作完成后,参考图 4-2 适当调整其大小和位置。

(6) 插入 Word 素材文件夹中的图片文件"团队.jpg",设置为:"四周型环绕",高度 5 厘米,置于文档底部。

单击"插入"选项卡中的"插图"组中的"图片"按钮,打开"插入图片"对话框,选择要插入的图片,单击"确定"按钮。选中图片,单击"格式"选项卡中的"排列"组中的"自动换行"按钮,将图片的版式设置为"四周型环绕"。在"格式"选项卡中的"大小"组中,设置图片的高度 5 厘米。选中图片并拖动鼠标左键,将图片移动到文档底部。

(7) 插入两个"云形标注"形状。设置形状填充和形状轮廓均为:白色,背景 1,调整大小放置于合适位置。

单击"插入"选项卡中的"插图"组中的"形状"按钮,在下拉列表中选择"云形标注",拖动鼠标完成绘制。单击"格式"选项卡中"形状样式"组中的"形状填充"按钮,在下拉列表中选择白色,背景 1。单击"格式"选项卡中"形状样式"组中的"形状轮廓"按钮,在下拉列表中选择白色,背景 1。选中对象,拖动鼠标左键调整大小并移动放置于合适位置。将其复制一份,参考图 4-2 适当调整其大小和位置。

(8) 插入 Word 素材文件夹中的"鸟 1.png"和"鸟 2.png"两个图片文件,设置为"四周型环绕",调整大小放置于文档顶部。

参考(6)插入图片,并将图片适度裁剪后进行格式设置。

3) 制作会员申请表

为了让申请加入社团的同学填写会员申请表,需要制作该表格,效果如图 4-3 所示。

(1) 新建一个 Word 文档,命名为:会员申请表。

(2) 制作会员申请表并输入文字。

单击"插入"选项卡中的"表格"组中的"表格"按钮,选中"绘制表格"命令,绘制表格并输入文字。

(3) 将标题文字"会员申请表"设置为：黑体，小二，加粗；将表格内其他文字设置为：宋体，小四。

分别选中标题文字和其他文字，利用"开始"选项卡中的"字体"组中的相应按钮设置文字格式。

(4) 将表格内所有文字的对齐方式设置为：水平居中。

选中整个表格，单击"布局"选项卡中的"对齐方式"组中的"水平居中"按钮。

4) 制作课程表

新建一个 Word 文档，命名为：课程表，效果如图 4-4 所示。

(1) 文档的纸张方向为横向。

单击"页面布局"选项卡中的"页面设置"组中的"纸张方向"按钮，在下拉列表中选择"横向"。

(2) 标题文字"课程表"的文字格式为：黑体，二号，加粗，居中对齐。

输入标题内容，选中标题文字，在"开始"选项卡中的"字体"组中设置文字格式为：黑体，二号，加粗，居中对齐。

(3) 制作课程表，输入文字并进行格式设置。

① 设置表格所有行高为 1.5 厘米，所有列宽为 3.5 厘米，表格的对齐方式为：居中。

单击"插入"选项卡中的"表格"组中的"表格"按钮，选中"插入表格"命令，打开"插入表格"对话框，设置行数为 6，列数为 7，单击"确定"按钮。选中整个表格，单击"布局"选项卡中的"表"组中的"属性"按钮，打开"表格属性"对话框，在"行"选项卡中设置行高为 1.5 厘米，在"列"选项卡中设置列宽为 3.5 厘米，在"表格"选项卡中设置对齐方式为居中，单击"确定"按钮。参考图 4-4，单击"布局"选项卡中的"合并"组中的"合并单元格"和"拆分单元格"按钮，对插入的表格进行修改。

② 为表格设置边框，外边框为：黑色，文字 1，双线，1.5 磅；内边框为：蓝色，单线，1.5 磅；上午和下午、下午和晚上的分隔线设置为红色。

选中整个表格，单击"设计"选项卡中"表格样式"组中的"边框"按钮右边的下拉按钮，在下拉列表中选择"边框和底纹"命令，打开"边框和底纹"对话框。先设置外边框，依次选择方框，双线，黑色，1.5 磅。再设置内边框，双击内线按钮，依次选择单线，蓝色，1.5 磅后，依次单击两个内线按钮，单击"确定"按钮。光标定位在表格内，单击"设计"选项卡中的"绘图边框"组的"笔颜色"按钮，在下拉列表中选择红色。单击"设计"选项卡中的"绘图边框"组的"绘制表格"按钮，将上午和下午、下午和晚上的分隔线重新绘制为红色。再次单击该组中的"绘制表格"按钮，结束绘制。

③ 绘制斜线表头，并将表格内所有文字的格式设置为：宋体，小四；文字的对齐方式设置为：水平居中。

单击"插入"选项卡中的"表格"组中的"表格"按钮，选中"绘制表格"命令，绘制斜线表头。按要求在表格中输入文字后，选中整个表格，在"开始"选项卡中的"字体"组中设置表格内所有文字的文字格式为：宋体，小四。单击"布局"选项卡中的"对齐方式"组中的"水平居中"按钮设置文字的对齐方式。

④ 为表格设置底纹。第一行设置为：浅蓝色底纹。第一列除斜线表头外设置为：黄色底纹。

选中表格第一行，单击"设计"选项卡中"表格样式"组中的"底纹"按钮，在下拉列表中选择浅蓝色底纹。以相同的方法设置第一列除斜线表头外的底纹。

⑤ 在空单元格中输入本人本学期的课程名称，包括选修课。

5. 实验思考

(1) 如何将图片设置为页面背景？
(2) 如何将多个对象组合在一起？
(3) 如何为自选图形添加文字？
(4) 表格的居中和表格内文字的居中一样吗，如何设置？

4.5　Word 2010 的高级应用

1. 实验目的

(1) 掌握样式的使用，包括使用已有样式、新建样式、修改和删除样式等。
(2) 掌握目录的创建和更新。
(3) 掌握使用邮件合并功能批量生成需要的文档。

2. 实验环境

(1) 硬件：微型计算机。
(2) 软件：Windows 7 操作系统、Office 2010 办公软件。

3. 实验内容

1) 新建文件夹

在桌面上新建一个文件夹，命名为自己的学号后两位+姓名，以下文件均保存到该文件夹中。

2) 制作邀请函

计算机设计社团计划举办一场"计算机设计作品展示交流会"，拟邀请部分专家和老师给社团学生进行指导。因此，计算机设计社团组织部需制作一批邀请函，并分别递送给相关的专家和老师。

打开 Word 素材文件夹中的"邀请函(1)"文档，按如下要求完成邀请函的制作：

(1) 在"尊敬的："和"老师"文字之间，插入拟邀请的专家和老师姓名，拟邀请的专家和老师姓名在 Word 素材文件夹下的"通讯录"工作簿中，每页邀请函只能包含一位专家或老师的姓名。

(2) 将素材文件夹下的图片"背景图片"设置为邀请函背景。

(3) 将所有的邀请函页面以一个新的文档保存在自己的文件夹中，命名为"邀请函(2)"。

3) 制作目录

将 Word 素材文件夹中的"目录"文档复制到自己的文件夹中,按如下要求完成目录的制作:

(1) 将正文的两章分别独立设置为 Word 文档的一节,第二章从新的一页开始。

(2) 在第一页前插入新的一页用于生成目录,这一页作为独立的一节。

(3) 设置正文的页眉和页脚(不包含目录页)。

① 正文的页脚设置为:

页码:起始页码为 1,奇数页码左对齐,偶数页码右对齐。

② 正文第一章的页眉设置为:

奇数页页眉:大学计算机基础,居中对齐。

偶数页页眉:计算机基础,居中对齐。

页眉的下边框线均为 ▬▬▬▬▬ 。

③ 正文第二章的页眉设置为:

奇数页页眉:大学计算机基础,居中对齐。

偶数页页眉:操作系统基础,居中对齐。

页眉的下边框线均为 ▬▬▬▬▬ 。

(4) 修改样式,并将相应样式应用到每一级标题上。

一级标题的格式:宋体、二号、加粗、居中、段前段后 17 磅、2.5 倍行距。

二级标题的格式:黑体、三号、加粗、居中、段前段后 13 磅、1.8 倍行距。

三级标题的格式:宋体、三号、加粗、左对齐、段前段后 13 磅、1.8 倍行距。

(5) 在第一页自动生成目录。

4. 实验步骤

1) 新建文件夹

在桌面上新建一个文件夹,命名为自己的学号后两位+姓名,以下文件均保存到该文件夹中。

2) 制作邀请函

计算机设计社团计划举办一场"计算机设计作品展示交流会",拟邀请部分专家和老师给社团学生进行指导。因此,计算机设计社团组织部需制作一批邀请函,并分别递送给相关的专家和老师。

打开 Word 素材文件夹中的"邀请函(1)"文档,按如下要求完成邀请函的制作:

(1) 在"尊敬的:"和"老师"文字之间,插入拟邀请的专家和老师姓名,拟邀请的专家和老师姓名在 Word 素材文件夹下的"通讯录"工作簿中,每页邀请函只能包含一位专家或老师的姓名。

① 单击"邮件"选项卡中的"开始邮件合并"组中的"开始邮件合并"按钮,在展开的下拉列表中选择"邮件合并分步向导",启动"邮件合并"任务窗格。

② 合并向导的第 1 步。

在"邮件合并"任务窗格的"选择文档类型"中选择"信函",单击"下一步:正在启动文档"超链接。

③ 合并向导的第 2 步。

在"邮件合并"任务窗格的"选择开始文档"中选择"使用当前文档",单击"下一步:选取收件人"超链接。

④ 合并向导的第 3 步。

在"邮件合并"任务窗格的"选择收件人"中,选择"使用现有列表",单击"浏览"超链接。启动"选取数据源"对话框,在素材文件夹下选择"通讯录"工作簿,单击"打开"按钮。此时会弹出"选择表格"对话框,从中选择 Sheet1 $,单击"确定"按钮。启动"邮件合并收件人"对话框,保持默认设置(勾选所有收件人),单击"确定"按钮。在"邮件合并"任务窗格中,单击"下一步:撰写信函"超链接。

⑤ 合并向导的第 4 步。

光标定位在"尊敬的:"和"老师"文字之间,在"邮件合并"任务窗格的"撰写信函"中选择"其他项目",打开"插入合并域"对话框,选择"姓名",单击"插入"按钮和"关闭"按钮。在"邮件合并"任务窗格中,单击"下一步:预览信函"超链接。

⑥ 合并向导的第 5 步。

在"预览信函"选项组中,通过 »、« 按钮可以切换不同的内容,单击"下一步:完成合并"超链接。

⑦ 编辑单个信函。

在"邮件合并"任务窗格中,单击"编辑单个信函"超链接,启动"合并到新文档"对话框。选择全部,单击"确定"按钮。

(2) 将素材文件夹下的图片"背景图片"设置为邀请函背景。

单击"页面布局"选项卡中的"页面背景"组中的"页面颜色"按钮,在下拉列表中选择"填充效果",打开"填充效果"对话框,在"图片"选项卡中,单击"选择图片"按钮,选择素材文件夹下的图片"背景图片",依次单击"插入"按钮和"确定"按钮。

(3) 将所有的邀请函页面以一个新的文档保存在自己的文件夹中,命名为"邀请函(2)"。

单击"文件"选项卡,选择"另存为"命令将文档命名为"邀请函(2)",保存在自己的文件夹中。

3) 制作目录

将 Word 素材文件夹中的"目录"文档复制到自己的文件夹中,按如下要求完成目录的制作:

(1) 将正文的两章分别独立设置为 Word 文档的一节,第二章从新的一页开始。

光标定位于文档第二章第一个字前,单击"页面布局"选项卡中的"页面设置"组中"分隔符"按钮,选择"下一页分节符"。

(2) 在第一页前插入新的一页用于生成目录,这一页作为独立的一节。

光标定位于文档第一章第一个字前,参考(1)插入"下一页分节符"。

(3) 设置正文的页眉和页脚(不包含目录页)。

① 正文的页脚设置为：

页码：起始页码为1，奇数页码左对齐，偶数页码右对齐。

双击页眉区，进入页眉页脚编辑状态，在"设计"选项卡中的"选项"组中选择"奇偶页不同"。

光标定位于文档第一章第一页的页脚区，单击"设计"选项卡中的"导航"组中的 链接到前一条页眉 按钮，断开第一节和第二节偶数页页脚的链接。

光标定位于文档第一章第二页的页脚区，单击"设计"选项卡中的"导航"组中的 链接到前一条页眉 按钮，断开第一节和第二节奇数页页脚的链接。

光标定位到第一章第一页页脚区，单击"设计"选项卡中的"页眉和页脚"组中的"页码"按钮，选择"设置页码格式"命令，打开"页码格式"对话框，设置起始页码为1，单击"确定"按钮。单击"设计"选项卡中的"页眉和页脚"组中的"页码"按钮，选择"页面底端"命令，在打开的列表中选择"普通数字1"。

光标定位到第一章第二页页脚区，单击"设计"选项卡中的"页眉和页脚"组中的"页码"按钮，选择"页面底端"命令，在打开的列表中选择"普通数字3"。

② 正文第一章的页眉设置为：

奇数页页眉：大学计算机基础，居中对齐。

偶数页页眉：计算机基础，居中对齐。

页眉的下边框线均为 ━━━━━━━━━ 。

光标定位于文档第一章第一页的页眉区，单击"设计"选项卡中的"导航"组中的 链接到前一条页眉 按钮，断开第一节和第二节奇数页页眉的链接。

光标定位于文档第一章第二页的页眉区，单击"设计"选项卡中的"导航"组中的 链接到前一条页眉 按钮，断开第一节和第二节偶数页页眉的链接。

光标定位于文档第二章第二页的页眉区，单击"设计"选项卡中的"导航"组中的 链接到前一条页眉 按钮，断开第二节和第三节偶数页页眉的链接。

光标定位于文档第一章第一页的页眉区，输入"大学计算机基础"，单击"开始"选项卡中的"段落"组中的"居中"按钮。

光标定位于文档第一章第二页的页眉区，输入"计算机基础"，单击"开始"选项卡中的"段落"组中的"居中"按钮。

选中奇数页页眉区文字段落，单击"开始"选项卡中的"段落"组中的"下框线"按钮右边的下拉按钮，选择"边框和底纹"命令，打开"边框和底纹"对话框。在"应用于"下拉列表中选择"段落"，设置为"自定义"，样式为 ━━━━━━━ ，单击 ▦ 按钮，单击"确定"按钮。

用同样的方法设置偶数页页眉的下边框线。

③ 正文第二章的页眉设置为：

奇数页页眉：大学计算机基础，居中对齐。

偶数页页眉：操作系统基础，居中对齐。

页眉的下边框线均为 ━━━━━ 。

光标定位于文档第二章第二页的页眉区，输入"操作系统基础"，单击"开始"选项卡中的"段落"组中的"居中"按钮。

参考②设置页眉的下边框线均为 ━━━━━━。设置完成后，单击"关闭页眉和页脚"按钮。

(4) 修改样式，并将相应样式应用到每一级标题上。

一级标题的格式：宋体、二号、加粗、居中、段前段后 17 磅、2.5 倍行距。
二级标题的格式：黑体、三号、加粗、居中、段前段后 13 磅、1.8 倍行距。
三级标题的格式：宋体、三号、加粗、左对齐、段前段后 13 磅、1.8 倍行距。

单击"开始"选项卡中的"样式"组右下角的对话框启动器，打开"样式"任务窗格。单击"标题 1"右边的下拉按钮，在下拉列表中选择"修改"命令，打开"修改样式"对话框，修改字体格式为宋体、二号、加粗、居中，单击"格式"按钮，在打开的列表中选择"段落"命令，打开"段落"对话框，设置段前段后 17 磅、2.5 倍行距，单击"确定"按钮，再次单击"确定"按钮。选中要设置一级标题的文字，单击"样式"任务窗格中的"标题 1"。

参考上面的方法设置标题 2 和标题 3 样式，并将修改后的样式分别应用到二级标题和三级标题上。

(5) 在第一页自动生成目录。

将光标定位到第一页，单击"引用"选项卡中的"目录"组中的"目录"按钮，选择"插入目录"命令，打开"目录"对话框，选择"目录"选项卡，单击"确定"按钮。

5. 实验思考

(1) 分节符和分页符有什么不同？
(2) 怎样设置文档的页眉和页脚？
(3) 不设置样式可以自动生成目录吗？

4.6　Word 2010 的综合应用

1. 实验目的

综合应用 Word 文字处理软件的各种功能。

2. 实验环境

(1) 硬件：微型计算机。
(2) 软件：Windows 7 操作系统、Office 2010 办公软件。

3. 实验内容

1) 新建文件夹

在桌面上新建一个文件夹，命名为自己的学号后两位+姓名，以下文件均保存到该文件夹中。

2) 复制素材 1 并完成设置

将 Word 素材文件夹中的"绿"文档复制到自己的文件夹中，进行如下设置：

(1) 标题文字"绿"的文字格式为：楷体，小二号，加粗；正文文字的文字格式为：华文中宋，小四。

(2) 将标题段设置为：居中对齐，段前段后间距均为 1 行。

(3) 将文档中所有的"绿"文字颜色设置为：绿色。

(4) 将正文第一段复制到最后一段后。

(5) 将正文段落设置为：首行缩进 2 个字符。

(6) 将正文段落的行间距设置为：1.3 倍行距。

(7) 将正文第一段设置为：悬挂下沉两行，华文行楷，距正文 1 厘米。

(8) 为正文第二段文字添加底纹，填充为：浅绿色。

(9) 为正文第三段段落添加边框：三维双实线，绿色，0.75 磅宽。

(10) 将正文第五段分三栏，栏间加分隔线。

(11) 设置文档的页面背景为 word 素材文件夹下的"绿背景.jpg"图片。

(12) 在文档合适的位置插入艺术字"梅雨潭"，样式为：填充-橙色，强调文字颜色 6，暖色粗糙棱台；设置为"四周型环绕"。

(13) 在文档末尾插入 Word 素材文件夹中的图片"梅雨潭.jpg"，设置为"上下型环绕"，高度为 8 厘米。

3) 复制素材 2 并完成设置

将 Word 素材文件夹中的"老人与海"文档复制到自己的文件夹中，进行如下设置：

(1) 将文档的页边距设置为：左、右边距均为 3 厘米，上、下边距均为 2.5 厘米。

(2) 设置文档网格：每行 37 个字符，每页 40 行。

(3) 将标题段段前间距设置为 15 磅，段后间距设置为 12 磅。

(4) 将正文段落的行间距设置为：固定值 18 磅。

(5) 在文档合适的位置插入一个文本框，输入文字"世界文学作品"，文本框的形状快速样式为：细微效果-蓝色，强调颜色 1；文字格式为：黑体，三号，居中；设置为"四周型环绕"。

(6) 设置页眉和页脚。

① 页眉和页脚距边界均为 2 厘米。

② 首页不同，首页的页眉为"海明威"，其他页的页眉为"老人与海"。

③ 在所有页的页脚处插入页码，页码编号格式为："-1-"，居中显示。

(7) 为标题文字"老人与海"插入脚注，内容为"作者：欧内斯特·米勒尔·海明威 (1899—1961)，美国作家。"

(8) 设置文档的页面背景为文字水印"老人与海"，颜色为"蓝色"，单击"确定"按钮。

(9) 在文档的最后一段后插入一个分页符，将 Word 素材文件夹中"海明威作品"文档的文字全部复制到最后一页,并将该页文字转换为表格,文字分隔位置为"制表符"。

对表格进行如下设置:

① 图 4-5 所示为合并部分单元格。

② 将表格内所有文字的对齐方式设置为:水平居中。

③ 改变"长篇小说"、"非小说"、"短篇小说集"的文字方向,并设置文字间距加宽 5 磅,如图 4-5 所示。

④ 将表格第一行标题文字格式设置为:黑体,五号,加粗。

⑤ 设置表格第一行行高为 1.5 厘米,其他行行高为 0.8 厘米。设置第一列列宽为 35 磅,第二列列宽为 120 磅,第三列列宽为 256 磅,第四列列宽为 38 磅。

⑥ 为表格设置外边框为:双线,0.5 磅,深蓝,文字 2,淡色 40%;内边框为:单线,0.5 磅,紫色,强调文字颜色 4,淡色 40%。各部分的分隔线设置为:双线,0.5 磅,深蓝,文字 2,淡色 40%,如图 4-5 所示。

⑦ 为表格第一行设置底纹为:深蓝,文字 2,淡色 80%;"长篇小说"部分设置底纹为:橄榄色,强调文字颜色 3,淡色 80%;"非小说"部分设置底纹为:紫色,强调文字颜色 4,淡色 80%;"短片小说集"部分设置底纹为:水绿色,强调文字颜色 5,淡色 80%。

作品类型	作品名称	英文原名	年份
长篇小说	《春潮》	The Torrents of Spring	1925
	《太阳照常升起》	The Sun Also Rises	1926
	《永别了,武器》	A Farewell to Arms	1929
	《有钱人与没钱人》	To Have and Have Not	1937
	《丧钟为谁而鸣》	For Whom the Bell Tolls	1940
	《过河入林》	Across the River and Into the Trees	1950
	《老人与海》	The Old Man and the Sea	1952
	《岛在湾流中》	Islands in the Stream	1970
	《伊甸园》	The Garden of Eden	1985
	《曙光示真》	True At First Light	1999
	《乞力马扎罗山下》	Under Kilimanjaro	2005
非小说	《死在午后》	Death in the Afternoon	1932
	《非洲的青山》	Green Hills of Africa	1935
	《流动的盛宴》	A Moveable Feast	1964
	《危险的夏天》	The Dangerous Summer	1985
短篇小说集	《三个故事和十首诗》	Three Stories and Ten Poems	1923
	《雨中的猫》	Cat in the Rain	1925
	《在我们的时代里》	In Our Time	1925
	《没有女人的男人》	Men Without Women	1927
	《乞力马罗的雪》	The Snows of Kilimanjaro	1932
	《胜利者—无所获》	Winner Take Nothing	1933
	《第五纵队》	The Fifth Column and the First Forty-Nine Stories	1938
	《海明威短篇故事全集》	The Complete Short Stories of Ernest Hemingway	1987

图 4-5 海明威作品

4. 实验步骤

1) 新建文件夹

在桌面上新建一个文件夹，命名为自己的学号后两位+姓名，以下文件均保存到该文件夹中。

2) 复制素材 1 并完成设置

将 Word 素材文件夹中的"绿"文档复制到自己的文件夹中，进行如下设置：

(1) 标题文字"绿"的文字格式为：楷体，小二号，加粗；正文文字的文字格式为：华文中宋，小四。

选中标题文字"绿"，在"开始"选项卡中的"字体"组中设置文字格式为：楷体，小二号，加粗。选中正文文字，在"开始"选项卡中的"字体"组中设置文字格式为：华文中宋，小四。

(2) 将标题段设置为：居中对齐，段前段后间距均为 1 行。

选中标题段，单击"开始"选项卡中的"段落"组右下角的对话框启动器 ，打开"段落"对话框，设置对齐方式为：居中，段前段后间距均为 1 行，单击"确定"按钮。

(3) 将文档中所有的"绿"文字颜色设置为：绿色。

将光标移动到文档开头，单击"开始"选项卡中的"编辑"组中的"替换"按钮，打开"查找和替换"对话框，在对话框中单击"更多"按钮。光标定位在"查找内容"框中，输入"绿"。光标定位在"替换为"框中，输入"绿"，单击"格式"按钮，选择"字体"，打开"替换字体"对话框，设置文字颜色为：绿色，单击"确定"按钮。在"查找和替换"对话框中，单击"全部替换"按钮，依次单击"确定"按钮和"关闭"按钮。

(4) 将正文第一段复制到最后一段后。

光标定位于最后一段文字后，按回车键。选中正文第一段，单击"开始"选项卡中的"剪贴板"组中的"复制"按钮。光标定位于文档最后一个段落标记前，单击"开始"选项卡中的"剪贴板"组中的"粘贴"按钮。

(5) 将正文段落设置为：首行缩进 2 个字符。

选中正文段落，单击"开始"选项卡中的"段落"组右下角的对话框启动器 ，打开"段落"对话框，设置特殊格式为：首行缩进 2 字符，单击"确定"按钮。

(6) 将正文段落的行间距设置为：1.3 倍行距。

选中正文段落，单击"开始"选项卡中的"段落"组中右下角的对话框启动器 ，打开"段落"对话框，设置行间距为 1.3 倍，单击"确定"按钮。

(7) 将正文第一段设置为：悬挂下沉两行，华文行楷，距正文 1 厘米。

将光标定位于正文第一段，单击"插入"选项卡中的"文本"组中的"首字下沉"按钮，在下拉列表中选择"首字下沉选项"，打开"首字下沉"对话框，设置为：悬挂下沉两行，华文行楷，距正文 1 厘米，单击"确定"按钮。

(8) 为正文第二段文字添加底纹，填充为：浅绿色。

选中正文第二段文字，单击"开始"选项卡中的"段落"组中的"下框线"按钮 右边的下拉按钮，选择"边框和底纹"命令，打开"边框和底纹"对话框，在"底纹"选项卡中的"应用于"框中选择"文字",设置填充为:浅绿色,单击"确定"按钮。

(9) 为正文第三段段落添加边框:三维双实线,绿色,0.75磅宽。

选中正文第三段段落,单击"开始"选项卡中的"段落"组中的"边框和底纹"按钮右边的下拉按钮,选择"边框和底纹"命令,打开"边框和底纹"对话框。在"应用于"框中选择"段落",设置为:三维双实线,绿色,0.75磅宽,单击"确定"按钮。

(10) 将正文第五段分三栏,栏间加分隔线。

选中正文第五段,单击"页面布局"选项卡中的"页面设置"组中的"分栏"按钮,在下拉列表中选择"更多分栏"命令,打开"分栏"对话框。选择三栏,栏间加分隔线,单击"确定"按钮。

(11) 设置文档的页面背景为Word素材文件夹下的"绿背景.jpg"图片。

单击"页面布局"选项卡中的"页面背景"组中的"页面颜色"按钮,在下拉列表中选择"填充效果",打开"填充效果"对话框,在"图片"选项卡中,单击"选择图片"按钮,选择素材文件夹中的"绿背景.jpg"图片,依次单击"插入"按钮和"确定"按钮。

(12) 在文档合适的位置插入艺术字"梅雨潭",样式为:填充-橙色,强调文字颜色6,暖色粗糙棱台;设置为"四周型环绕"。

单击"插入"选项卡中的"文本"组中的"艺术字"按钮,在下拉列表中选择样式:填充-橙色,强调文字颜色6,暖色粗糙棱台,输入文字内容:梅雨潭。单击"格式"选项卡中的"排列"组中的"自动换行"按钮,设置为"四周型环绕"。

(13) 在文档末尾插入Word素材文件夹中的图片"梅雨潭.jpg",设置为"上下型环绕",高度为8厘米。

单击"插入"选项卡中的"插图"组中的"图片"按钮,打开"插入图片"对话框,选择素材文件夹中的图片"梅雨潭.jpg",单击"插入"按钮。选中图片,单击"格式"选项卡中的"排列"组中的"自动换行"按钮,将图片的版式设置为"上下型环绕"。在"格式"选项卡中的"大小"组中,设置图片的高度8厘米。选中图片并拖动鼠标左键将图片移动到文档末尾。

3) 复制素材2并完成设置

将Word素材文件夹中的"老人与海"文档复制到自己的文件夹中,进行如下设置:

(1) 将文档的页边距设置为:左、右边距均为3厘米,上、下边距均为2.5厘米。

单击"页面布局"选项卡中的"页面设置"组右下角的对话框启动器,打开"页面设置"对话框,将页边距设置为:左、右边距均为3厘米,上、下边距均为2.5厘米,单击"确定"按钮。

(2) 设置文档网格:每行37个字符,每页40行。

单击"页面布局"选项卡中的"页面设置"组右下角的对话框启动器,打开"页面设置"对话框,在"文档网格"选项卡中选择"指定行和字符网格",设置每行37个字符,每页40行,单击"确定"按钮。

(3) 将标题段段前间距设置为:15磅,段后间距设置为:12磅。

选中标题段落,单击"开始"选项卡中的"段落"组中右下角的对话框启动器,打开"段落"对话框，设置段前间距为 15 磅，段后间距为 12 磅，单击"确定"按钮。

(4) 将正文段落的行间距设置为：固定值 18 磅。

选中正文段落，单击"开始"选项卡中的"段落"组中右下角的对话框启动器，打开"段落"对话框，设置行距为固定值 18 磅，单击"确定"按钮。

(5) 在文档合适的位置插入一个文本框，输入文字"世界文学作品"，文本框的形状快速样式为：细微效果-蓝色，强调颜色 1；文字格式为：黑体，三号，居中；设置为"四周型环绕"。

单击"插入"选项卡中的"文本"组中的"文本框"按钮，在下拉列表中选择"绘制文本框"命令，拖动鼠标左键绘制文本框，并在文本框中输入文字"世界文学作品"。在"格式"选项卡中"形状样式"组中的快速样式列表中选择：细微效果-蓝色，强调颜色 1。选中文字，在"开始"选项卡中的"字体"组和"段落"组中设置文字格式为：黑体，三号，居中。单击"格式"选项卡中的"排列"组中的"自动换行"按钮，设置为"四周型环绕"，适当调整文本框的大小和位置。

(6) 设置页眉和页脚。

① 页眉和页脚距边界均为 2 厘米。

双击页眉区进入页眉编辑区，在"设计"选项卡中的"位置"组中设置页眉和页脚距边界均为 2 厘米。

② 首页不同，首页的页眉为"海明威"，其他页的页眉为"老人与海"。

在"设计"选项卡中的"选项"组中设置首页不同。光标定位在首页的页眉区，输入"海明威"，光标定位在第 2 页的页眉区，输入"老人与海"。

③ 在所有页的页脚处插入页码，页码编号格式为"-1-"，居中显示。

单击"设计"选项卡中的"页眉和页脚"组中的"页码"按钮，选择"设置页码格式"命令，打开"页码格式"对话框，将页码编号格式设置为"-1-"，单击"确定"按钮。光标定位在首页页脚中，单击"设计"选项卡中的"页眉和页脚"组中的"页码"按钮，选择"页面底端"命令，在打开的列表中选择"普通数字 2"。

光标定位在第 2 页的页脚中，单击"设计"选项卡中的"页眉和页脚"组中的"页码"按钮，选择"页面底端"命令，在打开的列表中选择"普通数字 2"，单击"关闭页眉和页脚"按钮。

(7) 为标题文字"老人与海"插入脚注，内容为"作者：欧内斯特·米勒尔·海明威 (1899—1961)，美国作家。"

光标定位在标题文字"老人与海"后，单击"引用"选项卡中的"脚注"组中的"插入脚注"按钮，输入要求的脚注内容。

(8) 设置文档的页面背景为文字水印"老人与海"，颜色为"蓝色"，单击"确定"按钮。

单击"页面布局"选项卡中的"页面背景"组中的"水印"按钮，在下拉列表中选择"自定义水印"命令，打开"水印"对话框，选择文字水印，输入文字"老人与海"，颜色设置为蓝色，单击"确定"按钮。

(9) 在文档的最后一段后插入一个分页符,将 Word 素材文件夹中"海明威作品"文档的文字全部复制到最后一页,并将该页文字转换为表格,文字分隔位置为"制表符"。

光标定位在文档的最后一段后,单击"页面布局"选项卡中的"页面设置"组中的"分隔符"按钮,选择"分页符"中的"分页符"命令。将 Word 素材文件夹中"海明威作品"文档的全部文字复制到最后一页,选中复制过来的文字,单击"插入"选项卡中的"表格"组中的"表格"按钮,在下拉列表中选择"文本转换成表格"命令,打开"将文字转换成表格"对话框,确认列数为 4,行数为 24 后,单击"确定"按钮。对表格进行如下设置:

① 图 4-5 所示,合并部分单元格。

选中要合并的单元格,单击"布局"选项卡中的"合并"组中的"合并单元格"按钮。

② 将表格内所有文字的对齐方式设置为:水平居中。

选中整个表格,单击"布局"选项卡中的"对齐方式"组中的"水平居中"按钮。

③ 改变"长篇小说"、"非小说"、"短篇小说集"的文字方向,并设置文字间距加宽 5 磅,如图 4-5 所示。

分别选中文字"长篇小说"、"非小说"、"短篇小说集",单击"布局"选项卡中的"对齐方式"组中的"文字方向"按钮。单击"开始"选项卡中的"字体"组右下角的对话框启动器,打开"字体"对话框,在"高级"选项卡中设置文字间距加宽 5 磅,单击"确定"按钮。

④ 将表格第一行标题文字格式设置为:黑体,五号,加粗。

选中第一行标题文字后,在"开始"选项卡中的"字体"组中设置文字格式为:黑体,五号,加粗。

⑤ 设置表格第一行行高为 1.5 厘米,其他行行高为 0.8 厘米。设置第一列列宽为 35 磅,第二列列宽为 120 磅,第三列列宽为 256 磅,第四列列宽为 38 磅。

分别选中第一行和其他行,单击"布局"选项卡中的"表"组中的"属性"按钮,打开"表格属性"对话框,在行选项卡中修改行高。分别选择各列,单击"布局"选项卡中的"表"组中的"属性"按钮,打开"表格属性"对话框,在列选项卡中修改列宽。

⑥ 为表格设置外边框为:双线,0.5 磅,深蓝,文字 2,淡色 40%;内边框为:单线,0.5 磅,紫色,强调文字颜色 4,淡色 40%。各部分的分隔线设置为:双线,0.5 磅,深蓝,文字 2,淡色 40%,如图 4-5 所示。

单击"设计"选项卡中"表格样式"组中的"边框"按钮右边的下拉按钮,在下拉列表中选择"边框和底纹"命令,打开"边框和底纹"对话框。先设置外边框,依次选择方框,双线,深蓝,文字 2,淡色 40%,0.5 磅。再设置内边框,双击内线按钮,依次选择单线,紫色,强调文字颜色 4,淡色 40%,0.5 磅后,依次单击两个内线按钮,单击"确定"按钮。在"设计"选项卡中的"绘图边框"组设置双线,0.5 磅,深蓝,文字 2,淡色 40%,单击该组中的"绘制表格"按钮,绘制各部分的分隔线。再次单击该组中的"绘制表格"按钮,结束绘制。

⑦ 为表格第一行设置底纹为:深蓝,文字 2,淡色 80%;"长篇小说"部分设置底纹为:橄榄色,强调文字颜色 3,淡色 80%;"非小说"部分设置底纹为:紫色,强调文字颜

色4,淡色80%;"短片小说集"部分设置底纹为:水绿色,强调文字颜色5,淡色80%。

分别选中要设置底纹的单元格,单击"设计"选项卡中"表格样式"组中的"底纹"按钮,在下拉列表中选择要求的底纹颜色。

5. 实验思考

(1) 对最后一段进行分栏时应注意什么?
(2) 设置图片大小时,怎样取消锁定图片的纵横比?
(3) 如何将文字转换为表格?
(4) 如何改变表格文字的文字方向?

第 5 章 电子表格处理软件 Excel 2010

本章学习数据处理和报表制作。通过本章的学习，了解电子表格处理软件 Excel 2010 的相关概念，掌握工作簿和工作表的基本操作，掌握工作表的建立、编辑和格式化，掌握公式与函数的应用，掌握数据的排序、筛选和分类汇总，学会跨表引用和应用数据透视表进行多维度分类统计。本章所掌握的知识和技能，可以应用到今后的学习和工作中，如学生成绩管理、销售业绩管理和员工年度考核管理等。

5.1 自主学习

1. 知识点

Excel 2010 用工作簿管理文件，用工作表管理文件中的数据，通过行、列和单元格组织数据，以单元格作为数据处理的基本单位，应用公式和函数实现工作表内数据的计算，应用图表和数据管理功能提取有用的信息。

1) Excel 2010 中的对象

(1) 工作簿。Excel 2010 创建的文件称为"工作簿"，扩展名为：xlsx。一个工作簿由多张工作表构成，用户可以根据需要增加、删除或重命名工作表。

(2) 工作表。工作簿相当于一个账册，工作表则相当于账册中的一页。工作表是一个由若干行与列交叉构成的表格，每一行和每一列都有一个单独的标号来标识。行号用阿拉伯数字 1、2、3、……表示，列标用英文字母 A、B、C、……表示。

(3) 单元格。单元格是工作表中行列交汇处的格子，是构成工作表的基本单位，用户输入的数据以及计算结果等就保存在单元格中。

① 单元格的地址。表示单元格的位置，通过"列标+行号"来表示。例如：A1 表示第 A 列第 1 行的单元格，称 A1 为该单元格的地址。

② 单元格区域。连续区域是由多个单元格组成的矩形区域，常用左上角、右下角单元格的名称来标识，中间用"："间隔，例如，"A1:C5"。不连续区域是由多个单元格区域组成，各区域之间用","间隔，例如，"A1:C3,C4:E5"。

③ 活动单元格。正在使用的单元格，其外框线呈现为粗黑线，可以向活动单元格中输入数据或公式。

2) 清除和删除

一个单元格包含内容、格式和批注等数据。清除只是针对单元格中的数据，单元格仍保留在原位置。删除不但删去了数据，而且用右边或下方的单元格覆盖原来的单元格。

3) 公式与函数

(1) 单元格引用。

① 相对地址引用。直接使用单元格地址叫做相对地址引用。使用相对地址引用时，如果把一个单元格的公式复制到一个新位置，公式中的单元格地址会随之改变。

② 绝对地址引用。在引用单元格地址时，行号和列号前都加"$"叫做绝对地址引用。使用绝对地址引用时，如果把一个单元格的公式复制到一个新位置，公式中所引用的单元格地址不变。

③ 混合地址引用。在引用单元格地址时，行号或列号前加"$"叫做混合地址引用。使用混合地址引用时，如果把一个单元格的公式复制到一个新位置，公式中相对引用的单元格地址改变，绝对引用的单元格地址不改变。

④ 外部引用。外部引用也称为"链接"，表示引用同一工作簿不同工作表中的单元格，或者引用不同工作簿工作表中的单元格。外部引用的两种格式分别为："=工作表名!单元格地址"和"=[工作簿名]工作表名!单元格地址"。

(2) 公式。公式以一个等号"="开头，其中可以包含各种运算符、常量、括号、函数以及单元格引用等，不能包含空格。在输入公式时必须先输入一个等号。

(3) 函数。Excel 含有大量的函数，可以进行数学、日期和时间、文本、逻辑、查找与引用信息等计算工作。最常用的函数有：求和函数 SUM、求平均值函数 AVERAGE、求最大值函数 MAX、求最小值函数 MIN、计数函数 COUNT、条件计数函数 COUNTIF、排名次函数 RANK 和条件函数 IF 等。

4) 图表

图表是依据选定工作表单元格区域内的数据按照一定的数据系列生成的，是工作表数据的图形表示方法。利用图表可以将抽象的数据形象化，当数据源发生变化时，图表中对应的数据也会自动更新。

Excel 2010 提供十一种图表类型，每一类又有若干种子类型。利用数据创建图表时，要依照具体情况选用不同的图表。

5) 数据管理

(1) 数据清单。数据清单是 Excel 实现数据的排序、筛选、分类汇总等数据管理功能的数据源。数据清单必须包括列标题和数据两个部分。

(2) 排序。在实际应用中，为了方便查找和使用数据，用户通常按一定顺序对数据进行排列。

(3) 筛选。如果数据清单中的数据较多，而用户只关注部分数据时，可以设置条件应用数据筛选功能来隐藏数据清单中不满足条件的记录，只显示满足某种条件的记录。

(4) 分类汇总。分类汇总就是对数据清单按某个字段进行分类，将字段值相同的连续记录作为一类，进行求和、求平均值、计数、求最大值、求最小值等汇总运算。在分类汇总之前，必须按分类字段进行排序，否则得不到正确的分类汇总结果。

6) 数据透视表

如果要对多个字段进行分类汇总，需要利用数据透视表，进行分类汇总的源数据必须是数据清单。

2. 技能点

电子表格处理软件 Excel 2010 的实验主要包括五大方面：Excel 2010 的基本操作、公式与函数、图表、数据管理和高级应用。涉及的基本技能点如下：

(1) Excel 2010 的基本操作。

① 工作簿的基本操作，包括新建、打开、保存和关闭等。

② 工作表的基本操作，包括切换、选定、插入、删除、重命名、移动或复制、隐藏和设置工作表标签颜色等。

③ 工作表的建立，包括输入数据和填充数据等。

④ 工作表的编辑，包括选定工作表中的对象(行、列、单元格)、编辑(修改、清除、移动或复制)单元格的内容、编辑工作表中对象等。

⑤ 格式化工作表，包括设置单元格的数字格式、对齐方式、字体、边框、填充格式、条件格式、行高和列宽等。

(2) 公式与函数。

① 公式的使用，包括建立、编辑、复制或移动等。

② 常用函数的使用，包括插入函数和复制函数等。

③ 公式和函数的混合使用，包括公式的建立、函数的插入、复制和移动等。

(3) 图表。包括创建、编辑和格式化图表等。

(4) 数据管理。包括工作表数据的自动排序、高级排序、自动筛选、高级筛选和分类汇总等。

(5) 跨表引用。

(6) 其他函数。包括日期时间函数、文本处理函数、逻辑函数和查找与引用函数等。

(7) 数据透视表。包括创建、编辑和格式化数据透视表等。

5.2　Excel 2010 的基本操作

1. 实验目的

(1) 掌握 Excel 2010 的启动和退出。

(2) 掌握 Excel 2010 工作簿的新建、打开、保存和关闭。
(3) 掌握工作表的选定、插入、删除、重命名、复制和移动等。
(4) 掌握工作表中各类数据的输入、编辑和填充等。
(5) 掌握工作表中对象(行、列和单元格)的编辑操作。
(6) 掌握工作表中对象及其数据的格式化操作。
(7) 掌握条件格式的设置。

2. 实验环境

(1) 硬件：微型计算机。
(2) 软件：Windows 7 操作系统、Office 2010 办公软件。

3. 实验内容

将 Excel 素材文件夹中的"员工表.xlsx"工作簿复制到桌面上，重命名为自己的学号后两位+姓名，打开该工作簿，进行如下设置：

1) 重命名工作表"Sheet1"并进行编辑

将"Sheet1"工作表重命名为"员工基本信息表"，并将工作表中的数据补充完整。

(1) "序号"列数据的输入采用先输入"'001"，然后填充数据的方法实现。
(2) 在"性别"列后插入一列，列标题为"年龄"。在"入职时间"列后插入两列，列标题分别为"工龄"和"是否女工程师"。

2) 复制工作表并进行编辑和格式化设置

复制"员工基本信息表"工作表到该工作表之后，将复制后的工作表重命名为"格式化员工基本信息表"，并对该工作表进行格式化设置。

(1) 设置工作表标签颜色为：深红。
(2) 设置表格标题格式为：黑体，18 号，加粗，行高 25，在表格标题范围内(A1:J1)合并后居中显示，将合并后的单元格填充为：水绿色，强调文字颜色 5，淡色 80%。
(3) 设置表格第 2 行格式为：黑体，12 号，填充为：橄榄色，强调文字颜色 3，淡色 80%。
(4) 设置各列格式为：水平和垂直都居中，自动调整列宽。
(5) 设置各行行高为：第 2 行的行高 20，3～22 行的行高 18。
(6) 设置"入职时间"列的日期数据格式为：****年**月**日，如：2017 年 3 月 9 日。
(7) 设置表格边框线格式，整个表格区域(A1:J22)外边框为：深蓝色双线，内边框为：蓝色细实线。
(8) 为单元格 B2 插入批注，内容为"员工编号的前四位是出生年份，第五和第六位是部门编号，最后三位是部门中人员编号"。
(9) 删除"员工基本信息表"工作表。

3) 重命名工作表"Sheet2"并进行编辑和格式化设置

将"Sheet2"工作表重命名为"员工工资表"，对该工作表进行编辑和格式化设置。

(1) 复制"格式化员工基本信息表"工作表"员工编号"列的数据到"员工工资表"

工作表"员工编号"列。复制后,将数据区域(A2:A21)设置为:无框线。

(2) 设置"岗位工资"、"薪级工资"和"考核奖金"列的数据格式为:货币型,带人民币符号,不保留小数位。

(3) 将"考核奖金"列高于1200的单元格设置为自定义格式:红色、加粗、蓝色单实线外框。

(4) 整个表格区域(A1:I21)套用表格格式:表样式浅色18。套用格式后,取消单元格筛选。(将光标定位到该区域中的任一单元格,单击"数据"选项卡中的"排序和筛选"组中的"筛选"按钮。)

(5) 在第1行前插入一行,在A1单元格中输入"员工工资表",在表格标题范围内(A1:I1)合并后居中显示。

(6) 适当对表格进行其他格式化设置,使表格更加美观。

4) 对工作表进行编辑和格式化设置

对"工程部员工培训成绩表"工作表进行适当地编辑和格式化设置,使表格更加美观。

4. 实验步骤

将 Excel 素材文件夹中的"员工表.xlsx"工作簿复制到桌面上,重命名为自己的学号后两位+姓名,打开该工作簿,进行如下设置:

1) 重命名工作表"Sheet"并进行编辑

将"Sheet1"工作表重命名为"员工基本信息表",并将工作表中的数据补充完整。

双击"Sheet1"工作表标签,输入"员工基本信息表",按回车键。

(1) "序号"列数据的输入采用先输入"'001",然后填充数据的方法实现。

单击 A3 单元格,输入"'001",按回车键,拖动 A3 单元格右下角的填充句柄到 A22 单元格,完成序号的输入。

(2) 在"性别"列后插入一列,列标题为"年龄"。在"入职时间"列后插入两列,列标题分别为"工龄"和"是否女工程师"。

单击第 E 列中任一单元格,单击"开始"选项卡中的"单元格"组中的"插入"按钮,选择"插入工作表列",单击 E2 单元格,输入"年龄",按回车键。单击 I2 单元格,输入"工龄",按回车键。单击 J2 单元格,输入"是否女工程师",按回车键。

2) 复制工作表并进行编辑和格式化设置

复制"员工基本信息表"工作表到该工作表之后,将复制后的工作表重命名为"格式化员工基本信息表",并对该工作表进行格式化设置。

单击"员工基本信息表"工作表标签,按住 CTRL 键沿着标签行拖动工作表标签到该工作表之后,双击"员工基本信息表 (2)"工作表标签,输入"格式化员工基本信息表",按回车键。

(1) 设置工作表标签颜色为:深红。

右击"格式化员工基本信息表"工作表标签,在快捷菜单中选择"工作表标签颜色",单击"标准色"中最左侧的"深红"。

(2) 设置表格标题格式为：黑体，18 号，加粗，行高 25，在表格标题范围内(A1:J1)合并后居中显示，将合并后的单元格填充为：水绿色，强调文字颜色 5，淡色 80%。

单击 A1 单元格，单击"开始"选项卡中的"字体"组中的相应按钮设置文字格式为：黑体，18 号，加粗。单击"开始"选项卡中的"单元格"组中的"格式"按钮，在下拉菜单中选择"行高"，在打开的对话框中输入 25，单击"确定"按钮。鼠标拖动选择单元格区域 A1:J1，单击"开始"选项卡中的"对齐方式"组中的"合并后居中"按钮。单击"开始"选项卡中的"字体"组中的"填充颜色"按钮中的下拉按钮，在"主题颜色"中选择"水绿色，强调文字颜色 5，淡色 80%"。

(3) 设置表格第 2 行格式为：黑体，12 号，填充为：橄榄色，强调文字颜色 3，淡色 80%。

鼠标拖动选择单元格区域 A2:J2，参考(2)的步骤，设置第 2 行的格式。

(4) 设置各列格式为：水平和垂直都居中，自动调整列宽。

鼠标拖动列标题，选中第 A 列到第 J 列，单击"开始"选项卡中的"对齐方式"组右下角的对话框启动器，打开"设置单元格格式"对话框，在"对齐"选项卡中设置"水平对齐"和"垂直对齐"方式均为：居中，单击"确定"按钮。单击"开始"选项卡中的"单元格"组中的"格式"按钮，在下拉菜单中选择"自动调整列宽"。

(5) 设置各行行高为：第 2 行的行高 20，3~22 行的行高 18。

单击行标题"2"，参考(2)的步骤，设置第 2 行的行高。鼠标拖动行标题，选中第 3 行到第 22 行，参考(2)的步骤，设置 3~22 行的行高。

(6) 设置"入职时间"列的日期数据格式为：****年**月**日，如：2017 年 3 月 9 日。

鼠标拖动选中单元格区域 H3:H22，单击"开始"选项卡中的"数字"组右下角的对话框启动器，打开"设置单元格格式"对话框，在"数字"选项卡中的"类型"列表中选择"2001 年 3 月 14 日"，单击"确定"按钮。

(7) 设置表格边框线格式为整个表格区域(A1:J22)外边框为：深蓝色双线，内边框为：蓝色细实线。

鼠标拖动选择单元格区域 A1:J22，鼠标右击选定的单元格区域，在快捷菜单中选择"设置单元格格式"，打开"设置单元格格式"对话框，单击"边框"选项卡，在"样式"列表中选择第二列倒数第一行的双线，在"颜色"下拉列表中选择"深蓝"，单击"预置"列表中的"外边框"，在"样式"列表中选择第一列倒数第一行的细实线，在"颜色"下拉列表中选择"浅蓝"，单击"预置"列表中的"内部"，单击"确定"按钮。

(8) 为单元格 B2 插入批注，内容为"员工编号的前四位是出生年份，第五和第六位是部门编号，最后三位是部门中人员编号"。

右击 B2 单元格，在快捷菜单中选择"插入批注"，删除原内容后输入批注内容。

(9) 删除"员工基本信息表"工作表。

右击"员工基本信息表"工作表标签，在快捷菜单中选择"删除"，单击对话框中的"删除"按钮。

3) 重命名工作表"Sheet2"并进行编辑和格式化设置

将"Sheet2"工作表重命名为"员工工资表",对该工作表进行编辑和格式化设置。

双击"Sheet2"工作表标签,输入"员工工资表",按回车键。

(1) 复制"格式化员工基本信息表"工作表"员工编号"列的数据到"员工工资表"工作表"员工编号"列。复制后,将数据区域(A2:A21)设置为:无框线。

单击"格式化员工基本信息表"工作表标签,鼠标拖动选择单元格区域 B3:B22,单击"开始"选项卡中的"剪贴板"组中的"复制"按钮,单击"员工工资表"工作表标签,右击 A2 单元格,在快捷菜单中选择"粘贴"。鼠标拖动选择单元格区域 A2:A21,鼠标右击选定的单元格区域,在快捷菜单中选择"设置单元格格式",打开"设置单元格格式"对话框,单击"边框"选项卡,单击"预置"列表中的"无",单击"确定"按钮。

(2) 设置"岗位工资"、"薪级工资"和"考核奖金"列的数据格式为:货币型,带人民币符号,不保留小数位。

鼠标拖动选择单元格区域 E2:G21,单击"开始"选项卡中的"数字"组右下角的对话框启动器 ,打开"设置单元格格式"对话框,在"数字"选项卡中的"分类"列表中选择"货币",在"货币符号"下拉列表中选择"¥",设置小数位数为 0,单击"确定"按钮。

(3) 将"考核奖金"列高于 1200 的单元格设置为自定义格式:红色、加粗、蓝色单实线外框。

鼠标拖动选择单元格区域 G2:G21,单击"开始"选项卡中的"样式"组中的"条件格式"按钮,在下拉菜单中选择"突出显示单元格规则",在下一级菜单中选择"大于",出现"大于"对话框,在左边的文本框中输入 1200,在右边的"设置为"下拉列表中选择"自定义格式...",打开"设置单元格格式"对话框,在"字体"选项卡中设置格式:红色、加粗,在"边框"选项卡中设置格式:蓝色单实线外框,单击"确定"按钮关闭"设置单元格格式"对话框,单击"确定"按钮完成设置。

(4) 整个表格区域(A1:I21)套用表格格式:表样式浅色 18。套用格式后,取消单元格筛选。

鼠标拖动选择单元格区域 A1:I21,单击"开始"选项卡中的"样式"组中的"套用表格格式"按钮,选择"表样式浅色 18",单击"确定"按钮。将光标定位到单元格区域 A1:I21 中的任一单元格,单击"数据"选项卡中的"排序和筛选"组中的"筛选"按钮。

(5) 在第一行前插入一行,在 A1 单元格中输入"员工工资表",在表格标题范围内(A1:I1)合并后居中显示。

单击第 1 行任一单元格,单击"开始"选项卡中的"单元格"组中的"插入"按钮,选择"插入工作表行",单击 A1 单元格,输入"员工工资表"。鼠标拖动选择单元格区域 A1:I1,单击"开始"选项卡中的"对齐方式"组中的"合并后居中"按钮 。

(6) 适当对表格进行其他格式化设置,使表格更加美观。

参考前面的步骤,对表格进行其他格式化。

4) 对工作表进行编辑和格式化设置

对"工程部员工培训成绩表"工作表进行适当地编辑和格式化设置，使表格更加美观。参考前面的步骤，对表格进行适当地编辑和格式化设置。

5. 实验思考

(1) 如何将数字以文本格式输入？
(2) 设置表格边框线时需要注意什么？
(3) 工作表删除后能通过"撤销"将其恢复吗？
(4) 在已经输入日期型数据的单元格中重新输入数值型数据，数值型数据如何显示？如何显示为正确的数值型数据？

5.3 公式与函数

1. 实验目的

(1) 掌握公式的使用。
(2) 掌握常用函数的用法。
(3) 掌握相对地址、绝对地址和混合地址的引用用法。
(4) 掌握公式和函数混合使用的方法。
(5) 掌握复制公式和函数的方法。

2. 实验环境

(1) 硬件：微型计算机。
(2) 软件：Windows 7 操作系统、Office 2010 办公软件。

3. 实验内容

1) 新建文件夹

在桌面上新建一个文件夹，命名为自己的学号后两位+姓名，以下文件均保存到该文件夹中。

2) 复制素材1并完成设置

将上次实验完成的以自己学号后两位+姓名命名的工作簿复制到自己的文件夹中，重命名为"员工表.xlsx"，打开该工作簿，进行如下设置：

(1) 在"工程部员工培训成绩表"工作表中完成数据的计算。

① 使用公式计算各个员工的总成绩，计算公式为：总成绩=理论考核*30%+技能考核*70%，结果保留两位小数。

② 使用函数分别在单元格区域 C13:E15 中计算"理论考核"、"技能考核"和"总成绩"的平均分、最高分和最低分，平均分保留两位小数。

③ 使用函数并依据"总成绩"列的数据，在 B16 单元格中计算参加考试的总人数。

④ 使用函数分别在 C17、D17、E17 单元格中计算"理论考核"、"技能考核"和"总成绩"的不及格人数。

⑤ 使用公式并依据 C17、D17、E17 单元格中不及格人数和 B16 单元格中的总人数，分别在 C18、D18、E18 单元格中计算"理论考核"、"技能考核"和"总成绩"的不及格率，以百分数形式显示。

⑥ 使用函数依据"总成绩"列的数据计算各个员工的名次，以降序排名。

⑦ 使用函数依据"总成绩"列的数据评出优秀员工，评价条件为：如果总成绩大于等于 85，则在对应单元格显示"优秀"，否则单元格为空白。

(2) 在"员工工资表"工作表中完成数据的计算。

① 使用公式计算各个员工的"保险扣除"，"保险扣除"金额为各项工资和的 12.5%。

② 使用公式和函数混用的方法计算各个员工的"实发工资"。"实发工资"为各项工资的和减去"保险扣除"，各项工资的和用求和函数计算。

③ 设置"保险扣除"和"实发工资"列的数据格式为：货币型，带人民币符号，保留一位小数。

3) 复制素材 2 并完成设置

将 Excel 素材文件夹中的"销量表.xlsx"工作簿复制到自己的文件夹中，打开该工作簿，进行如下设置：

(1) 在"2016 年电器销售统计 1"工作表中完成数据的计算和条件格式的设置。

① 设置"平均单价"和"销售额"列的数据格式为：货币型，带人民币符号，不保留小数位。

② 使用公式计算销售额，计算公式为：销售额=销量*平均单价。

③ 使用函数计算总销售额。

④ 使用函数计算产品销售额排名，以降序排名。

⑤ 将销售额低于¥500,000 的单元格填充为：红色。将销售额高于¥1,800,000 的单元格填充为：黄色。

(2) 在"2016 年电器销售统计 2"工作表中完成数据的计算。

① 使用公式计算销售额，计算公式为：销售额=冰箱销量*冰箱平均单价+电脑销量*电脑平均单价+电视机销量*电视机平均单价+空调销量*空调平均单价+洗衣机销量*洗衣机平均单价。

② 使用函数计算总销售额。计算后，和"2016 年电器销售统计 1"工作表中的总销售额进行比较。

4. 实验步骤

1) 新建文件夹

在桌面上新建一个文件夹，命名为自己的学号后两位+姓名，以下文件均保存到该文件夹中。

2) 复制素材 1 并完成设置

将上次实验完成的以自己学号后两位+姓名命名的工作簿复制到自己的文件夹中，重命名为"员工表.xlsx"，打开该工作簿，进行如下设置：

(1) 在"工程部员工培训成绩表"工作表中完成数据的计算。

① 使用公式计算各个员工的总成绩，计算公式为：总成绩=理论考核*30%+技能考核*70%，结果保留两位小数。

单击 E3 单元格，输入公式"=C3*30%+D3*70%"，按回车键。选中 E3 单元格，单击"开始"选项卡中的"数字"组中的"增加小数位数"按钮，设置小数位数为 2。复制 E3 单元格中的公式到单元格区域 E4:E12，完成所有员工总成绩的计算。

② 使用函数分别在单元格区域 C13:E15 中计算"理论考核"、"技能考核"和"总成绩"的平均分、最高分和最低分，平均分保留两位小数。

单击 C13 单元格，输入函数"=AVERAGE(C3:C12)"，按回车键。选中 C13 单元格，单击"开始"选项卡中的"数字"组中的"增加小数位数"按钮，设置小数位数为 2。复制 C13 单元格中的函数到 D13 和 E13 单元格，完成平均分的计算。

单击 C14 单元格，输入函数"=MAX(C3:C12)"，按回车键。复制 C14 单元格中的函数到 D14 和 E14 单元格，完成最高分的计算。

单击 C15 单元格，输入函数"=MIN(C3:C12)"，按回车键。复制 C15 单元格中的函数到 D15 和 E15 单元格，完成最低分的计算。

③ 使用函数并依据"总成绩"列的数据，在 B16 单元格中计算参加考试的总人数。

单击 B16 单元格，输入函数"=COUNT(E3:E12)"，按回车键。

④ 使用函数分别在 C17、D17、E17 单元格中计算"理论考核"、"技能考核"和"总成绩"的不及格人数。

单击 C17 单元格，输入函数"=COUNTIF(C3:C12,"<60")"，按回车键。复制 C17 单元格中的函数到 D17 和 E17 单元格，完成不及格人数的计算。

⑤ 使用公式并依据 C17、D17、E17 单元格中不及格人数和 B16 单元格中的总人数，分别在 C18、D18、E18 单元格中计算"理论考核"、"技能考核"和"总成绩"的不及格率，以百分数形式显示。

单击 C18 单元格，输入公式"=C17/$B16"，按回车键。选中 C18 单元格，单击"开始"选项卡中的"数字"组中的"百分比样式"按钮。复制 C18 单元格中的公式到 D18 和 E18 单元格，完成不及格率的计算。

⑥ 使用函数依据"总成绩"列的数据计算各个员工的名次，以降序排名。

单击 F3 单元格，单击编辑栏上的"插入函数"按钮，在"或选择类别"下拉列表中选择"全部"，在"选择函数"列表中选择"RANK"，单击"确定"按钮，在 Number 框中输入 E3，在 Ref 框中输入 E$3:E$12，单击"确定"按钮。复制 F3 单元格中的函数到单元格区域 F4:F12，完成名次的计算。

⑦ 使用函数依据"总成绩"列的数据评出优秀员工，评价条件为：如果总成绩大于等于 85，则在对应单元格显示"优秀"，否则单元格为空白。

单击 G3 单元格,输入函数"=IF(E3>=85,"优秀","")",按回车键。复制 G3 单元格中的函数到单元格区域 G4:G12,完成总评的计算。

(2) 在"员工工资表"工作表中完成数据的计算。

① 使用公式计算各个员工的"保险扣除","保险扣除"金额为各项工资和的 12.5%。

单击 H3 单元格,输入公式"=(E3+F3+G3)*12.5%",按回车键。

② 使用公式和函数混用的方法计算各个员工的"实发工资"。"实发工资"为各项工资的和减去"保险扣除",各项工资的和用求和函数计算。

单击 I3 单元格,输入公式"=SUM(E3:G3)-H3",按回车键。

③ 设置"保险扣除"和"实发工资"列的数据格式为:货币型,带人民币符号,保留一位小数。

鼠标拖动选择单元格区域 H3:I22,单击"开始"选项卡中的"数字"组右下角的对话框启动器,打开"设置单元格格式"对话框,在"数字"选项卡中的"分类"列表中选择"货币",在"货币符号"下拉列表中选择"¥",设置小数位数为 1,单击"确定"按钮。

3) 复制素材 2 并完成设置

将 Excel 素材文件夹中的"销量表.xlsx"工作簿复制到自己的文件夹中,打开该工作簿,进行如下设置:

(1) 在"2016 年电器销售统计 1"工作表中完成数据的计算和条件格式的设置。

① 设置"平均单价"和"销售额"列的数据格式为:货币型,带人民币符号,不保留小数位。

鼠标拖动选择单元格区域 D3:E22,参考 2)中(2)的步骤完成设置。

② 使用公式计算销售额,计算公式为:销售额=销量*平均单价。

单击 E3 单元格,输入公式"=C3*D3",按回车键。复制 E3 单元格中的公式到单元格区域 E4:E22,完成销售额的计算。适当调整列宽使得所有数据正常显示。

③ 使用函数计算总销售额。

单击 E24 单元格,输入函数"=SUM(E3:E22)",按回车键。

④ 使用函数计算产品销售额排名,以降序排名。

单击 F3 单元格,输入函数"=RANK(E3,E$3:E$22)",按回车键。复制 F3 单元格中的函数到单元格区域 F4:F22,完成产品销售额排名的计算。

⑤ 将销售额低于¥500,000 的单元格填充为:红色。将销售额高于¥1,800,000 的单元格填充为:黄色。

鼠标拖动选择单元格区域 E3:E22,单击"开始"选项卡中的"样式"组中的"条件格式"按钮,在下拉菜单中选择"突出显示单元格规则",在下一级菜单中选择"小于",出现"小于"对话框,在左边的文本框中输入 500000,在右边的"设置为"下拉列表中选择"自定义格式...",打开"设置单元格格式"对话框,在"填充"选项卡中设置"背景色"为:红色,单击"确定"按钮关闭"设置单元格格式"对话框,单击"确定"按钮完成设置。

使用相同的方法,将销售额高于¥1,800,000 的单元格填充为:黄色。

(2) 在"2016 年电器销售统计 2"工作表中完成数据的计算。

① 使用公式计算销售额，计算公式为：销售额=冰箱销量*冰箱平均单价+电脑销量*电脑平均单价+电视机销量*电视机平均单价+空调销量*空调平均单价+洗衣机销量*洗衣机平均单价。

单击 G4 单元格，输入公式"=B4*C$14+C4*C$15+D4*C$16+E4*C$17+F4*C$18"，按回车键。复制 G4 单元格中的公式到单元格区域 G5:G7，完成销售额的计算。

② 使用函数计算总销售额。计算后，和"2016 年电器销售统计 1"工作表中的总销售额进行比较。

单击 G9 单元格，输入函数"=SUM(G4:G7)"，按回车键。比较发现二者的销售额相同。

5．实验思考

(1) 复制公式时单元格的相对地址引用、绝对地址引用和混合地址引用效果相同吗？有什么区别？

(2) 如果在计算名次时，要求先计算出第一名员工的名次，采用复制公式的方法计算其他员工的名次，各部分需要用哪种地址引用方式，为什么？

(3) 如果要把"总评"分为"优秀"(>=90)、"中等"(<90 且>=70)和"及格"(<70 且>=60)三类，如何实现？

5.4 图表和数据管理

1．实验目的

(1) 掌握图表的创建、编辑和格式化。
(2) 掌握数据的自动排序和高级排序。
(3) 掌握数据的自动筛选和高级筛选。
(4) 掌握数据的分类汇总。

2．实验环境

(1) 硬件：微型计算机。
(2) 软件：Windows 7 操作系统、Office 2010 办公软件。

3．实验内容

1) 复制素材并完成设置

将上次实验完成的以自己学号后两位+姓名命名的文件夹复制到桌面上，打开"员工表.xlsx"工作簿，进行如下设置：

(1) 插入一张新工作表，重命名为"数据图表"，置于"工程部员工培训成绩表"工作表之后，完成图表的操作。

① 复制"工程部员工培训成绩表"工作表 B2:E12 区域的数据，将其粘贴到"数据图表"工作表以 A1 开始的区域中。

② 以"姓名"列和"总成绩"列的数据为数据源创建簇状圆柱图。创建后，应用图表样式为：样式 26。

③ 修改图表的标题为"员工培训成绩图表"。设置主要横坐标轴标题为"姓名"，将其显示在图表下方。设置主要纵坐标轴标题为竖排标题，标题内容为"成绩"，将主要纵坐标轴的主要刻度单位调整为 10。

④ 在图表中显示模拟运算表。

⑤ 调整图表的大小：高度 11 厘米，宽度 19 厘米。

⑥ 显示图表背景墙，填充为：蓝色，强调文字颜色 1，淡色 80%。

⑦ 显示图表基底，填充为：蓝色，强调文字颜色 1，深色 25%。

⑧ 设置图表标题的形状填充为：纹理，花束。设置图表绘图区的形状填充为：纹理，蓝色面巾纸；形状效果为：蓝色，5pt 发光，强调文字颜色 1。

⑨ 移动图表到名为"独立图表"的新工作表中。

⑩ 在"独立图表"新工作表中添加"理论考核"数据系列，设置"理论考核"数据系列的形状填充为：橙色，强调文字颜色 6，淡色 60%，为该数据系列添加数据标签。

(2) 复制"员工工资表"工作表，重命名为"数据排序"，置于"员工工资表"工作表之后。在该工作表中按照"岗位工资"降序排序，岗位工资相同时按照"考核奖金"降序排序。

(3) 复制"员工工资表"工作表，重命名为"数据自动筛选"，置于"数据排序"工作表之后。在该工作表中筛选出工程部实发工资高于 3500 的女员工记录。

(4) 复制"员工工资表"工作表，重命名为"数据高级筛选"，置于"数据自动筛选"工作表之后。在该工作表中筛选出岗位工资大于 2000 或者考核奖金大于等于 1200 的男员工记录。

(5) 复制"员工工资表"工作表，重命名为"数据分类汇总"，置于"数据高级筛选"工作表之后。在该工作表中汇总出各部门"考核奖金"和"实发工资"的平均值。

说明：由于该工作表套用了表格格式，不能进行分类汇总。先将表格转换为普通的单元格区域，再进行分类汇总。(将光标定位到该表格中的任一单元格，单击"设计"选项卡中的"工具"组中的"转换为区域"按钮。)

2) 打开工作簿并完成设置

打开"销量表.xlsx"工作簿，在"2016 年电器销售统计 1"工作表中进行如下设置：

(1) 使用分类汇总功能汇总出每种电器的总销售额。

(2) 以"产品名称"列和"销售额"列的汇总结果数据为数据源，创建一个三维饼图。创建后，应用图表布局为：布局 1。

(3) 修改图表的标题为"各类产品销售额比例"。

(4) 适当调整图表各数据点的填充颜色，使图表更加美观。

4. 实验步骤

1) 复制素材并完成设置

将上次实验完成的以自己学号后两位+姓名命名的文件夹复制到桌面上，打开"员工表.xlsx"工作簿，进行如下设置：

(1) 插入一张新工作表，重命名为"数据图表"，置于"工程部员工培训成绩表"工作表之后，完成图表的操作。

单击"工程部员工培训成绩表"工作表标签后的"插入工作表"按钮，双击"Sheet1"工作表标签，输入"数据图表"，按回车键。

① 复制"工程部员工培训成绩表"工作表 B2:E12 区域的数据，将其粘贴到"数据图表"工作表以 A1 开始的区域中。

单击"工程部员工培训成绩表"工作表标签，鼠标拖动选择单元格区域 B2:E12，使用 CTRL+C 组合键复制，单击"数据图表"工作表标签，单击 A1 单元格，使用 CTRL+V 组合键粘贴。

② 以"姓名"列和"总成绩"列的数据为数据源创建簇状圆柱图。创建后，应用图表样式为：样式 26。

鼠标拖动先选择单元格区域 A1:A11，按住 CTRL 键鼠标拖动选择单元格区域 D1:D11。单击"插入"选项卡中的"图表"组中的"柱形图"，在下拉列表中选择"圆柱图"中的"簇状圆柱图"。单击"设计"选项卡中"图表样式"组后的"其他"按钮，在下拉列表中选择"样式 26"。

③ 修改图表的标题为"员工培训成绩图表"。设置主要横坐标轴标题为"姓名"，将其显示在图表下方。设置主要纵坐标轴标题为竖排标题，标题内容为"成绩"，将主要纵坐标轴的主要刻度单位调整为 10。

单击图表标题使其成为编辑状态，修改其内容为"员工培训成绩图表"。

单击"布局"选项卡中的"标签"组中的"坐标轴标题"，在下拉列表中选择"主要横坐标轴标题"，在出现的下一级菜单中选择"坐标轴下方标题"，在图表下方出现坐标轴标题文本框，将其中的内容改为"姓名"。

单击"布局"选项卡中的"标签"组中的"坐标轴标题"，在下拉列表中选择"主要纵坐标轴标题"，在出现的下一级菜单中选择"竖排标题"，在图表左侧出现纵坐标标题文本框，将其中的内容改为"成绩"。

单击"布局"选项卡中的"坐标轴"组中的"坐标轴"，在下拉列表中选择"主要纵坐标轴"，在出现的下一级菜单中选择"其他主要纵坐标轴选项"，出现"设置坐标轴格式"对话框，单击"主要刻度单位"后的"固定"单选按钮，将其后文本框中的数值改为 10，单击"关闭"按钮。

④ 在图表中显示模拟运算表。

单击"布局"选项卡中的"标签"组中的"模拟运算表"，在下拉列表中选择"显示模拟运算表"。

⑤ 调整图表的大小：高度 11 厘米，宽度 19 厘米。

单击图表空白处，单击"格式"选项卡，将"大小"组中的"高度"值改为 11 厘米，"宽度"值改为 19 厘米，按回车键。

⑥ 显示图表背景墙，填充为：蓝色，强调文字颜色 1，淡色 80%。

单击"布局"选项卡中的"背景"组中的"图表背景墙",在下拉列表中选择"其他背景墙选项",单击"纯色填充"单选按钮,单击填充颜色按钮,在"主题颜色"中选择"蓝色,强调文字颜色 1,淡色 80%",单击"关闭"按钮。

⑦ 显示图表基底,填充为:蓝色,强调文字颜色 1,深色 25%。

参考步骤⑥,设置图表基底的填充色。

⑧ 设置图表标题的形状填充为:纹理,花束。设置图表绘图区的形状填充为:纹理,蓝色面巾纸;形状效果为:蓝色,5pt 发光,强调文字颜色 1。

单击图表标题,单击"格式"选项卡中的"形状样式"组中的"形状填充",在下拉列表中选择"纹理",在出现的纹理中选择"花束"。

在"格式"选项卡中的"当前所选内容"组中的下拉列表中选择"绘图区",单击"形状样式"组中的"形状填充",在下拉列表中选择"纹理",在出现的纹理中选择"蓝色面巾纸";单击"格式"选项卡中的"形状样式"组中的"形状效果",在下拉列表中选择"发光",在发光变体中选择"蓝色,5pt 发光,强调文字颜色 1"。

⑨ 移动图表到名为"独立图表"的新工作表中。

单击"设计"选项卡中的"位置"组中的"移动图表",选择"新工作表"单选按钮,在其后的文本框中输入"独立图表",单击"确定"按钮。

⑩ 在"独立图表"新工作表中添加"理论考核"数据系列,设置"理论考核"数据系列的形状填充为:橙色,强调文字颜色 6,淡色 60%,为该数据系列添加数据标签。

单击"设计"选项卡中的"数据"组中的"选择数据",在"选择数据源"对话框中单击"添加"按钮,出现"编辑数据系列"对话框,在"系列名称"处输入"理论考核",将"系列值"的内容改为"=工程部员工培训成绩表!$C$3:$C$12"(也可通过选择区域实现),单击"确定"按钮关闭"编辑数据系列"对话框,单击"确定"按钮关闭"选择数据源"对话框。

单击数据系列"理论考核"的任一个数据点,单击"格式"选项卡中的"形状样式"组中的"形状填充",在"主题颜色"中选择"橙色,强调文字颜色 6,淡色 60%"。单击"布局"选项卡中的"标签"组中的"数据标签",在下拉列表中选择"显示"。

(2) 复制"员工工资表"工作表,重命名为"数据排序",置于"员工工资表"工作表之后。在该工作表中按照"岗位工资"降序排序,岗位工资相同时按照"考核奖金"降序排序。

右击"员工工资表"工作表标签,在快捷菜单中选择"移动或复制",在"下列选定工作表之前"列表中选择"工程部员工培训成绩表",选中"建立副本"复选框,单击"确定"按钮。双击"员工工资表(2)"工作表标签,输入"数据排序",按回车键。

单击单元格区域 B2:I22 中任一单元格,单击"数据"选项卡中的"排序和筛选"组中的"排序"按钮,打开"排序"对话框,选择主要关键字为"岗位工资",排序依据为"数值",次序为"降序",单击"添加条件"按钮,选择次要关键字为"考核奖金",排序依据为"数值",次序为"降序",单击"确定"按钮。

(3) 复制"员工工资表"工作表,重命名为"数据自动筛选",置于"数据排序"工作表之后。在该工作表中筛选出工程部实发工资高于 3500 的女员工记录。

参考步骤(2)复制和重命名工作表。单击单元格区域 B2:I22 中任一单元格，单击"数据"选项卡中的"排序和筛选"组中的"筛选"按钮，单击"所在部门"列的筛选按钮，仅选择"工程部"，单击"确定"按钮，单击"性别"列的筛选按钮，仅选择"女"，单击"确定"按钮。单击"实发工资"列的筛选按钮，选择"数字筛选"下一级的"大于"，打开"自定义自动筛选方式"对话框，在"大于"后的文本框中输入 3500，单击"确定"按钮。

(4) 复制"员工工资表"工作表，重命名为"数据高级筛选"，置于"数据自动筛选"工作表之后。在该工作表中筛选出岗位工资大于 2000 或者考核奖金大于等于 1200 的男员工记录。

参考步骤(2)复制和重命名工作表。在 C24 单元格输入"性别"，在 D24 单元格输入"岗位工资"，在 E24 单元格中输入"考核奖金"，在 C25 和 C26 单元格中输入"男"，在 D25 单元格中输入">2000"，在 E26 单元格中输入">=1200"，单击单元格区域 B2:I22 中任一单元格，单击"数据"选项卡中的"排序和筛选"组中的"高级"按钮，打开"高级筛选"对话框，确认"列表区域"框中的单元格区域，将光标定位到"条件区域"框中，鼠标拖动选择单元格区域 C24:E26，单击"确定"按钮。

说明：条件区域不是固定的，只需和数据表之间有空白行或空白列即可。

(5) 复制"员工工资表"工作表，重命名为"数据分类汇总"，置于"数据高级筛选"工作表之后。在该工作表中汇总出各部门"考核奖金"和"实发工资"的平均值。

说明：由于该工作表套用了表格格式，不能进行分类汇总。先将表格转换为普通的单元格区域，再进行分类汇总。(将光标定位到该表格中的任一单元格，单击"设计"选项卡中的"工具"组中的"转换为区域"按钮。)

参考步骤(2)复制和重命名工作表，将表格转换为普通的单元格区域，以"所在部门"为主要关键字排序，单击单元格区域 B2:I22 中任一单元格，单击"数据"选项卡中的"分级显示"组中的"分类汇总"按钮，打开"分类汇总"对话框，在"分类字段"下拉列表中选择"所在部门"，在"汇总方式"下拉列表中选择"平均值"，在"选定汇总项"列表中，选中"考核奖金"和"实发工资"复选框，单击"确定"按钮。适当调整列宽使得所有数据正常显示。

2) 打开工作簿并完成设置

打开"销量表.xlsx"工作簿，在"2016 年电器销售统计 1"工作表中进行如下设置：

(1) 使用分类汇总功能汇总出每种电器的总销售额。

参考实验步骤 1)中(5)，以"产品名称"为主要关键字排序并汇总出每种电器的总销售额。

(2) 以"产品名称"列和"销售额"列的汇总结果数据为数据源，创建一个三维饼图。创建后，应用图表布局为"布局 1"。

单击"隐藏明细数据符号"(-)标记，只显示汇总后的数据。参考 1)中(1)的步骤，选择单元格区域 B2:B27 和 E2:E27，创建三维饼图，单击"设计"选项卡中"图表布局"组中的"布局 1"。

(3) 修改图表的标题为"各类产品销售额比例"。

参考实验步骤 1)中(1)，修改图表的标题。

(4) 适当调整图表各数据点的填充颜色，使图表更加美观。

参考实验步骤 1)中(1)，修改图表各数据点的填充颜色。

5. 实验思考

(1) 图表数据源中的数据发生了变化会影响图表吗？

(2) 图表生成后，其类型可以改变吗？

(3) 自动筛选和高级筛选实现的功能完全相同吗？二者的区别是什么？

(4) 如果没有按照分类字段进行排序，分类汇总的结果正确吗？

5.5　Excel 2010 的高级应用

1. 实验目的

(1) 掌握跨表引用单元格数据的方法。

(2) 掌握常用的日期时间函数、文本处理函数、逻辑函数、查找与引用函数的用法。

(3) 掌握数据透视表的创建、编辑和格式化。

2. 实验环境

(1) 硬件：微型计算机。

(2) 软件：Windows 7 操作系统、Office 2010 办公软件。

3. 实验内容

将上次实验完成的"员工表.xlsx"工作簿复制到桌面上，重命名为自己的学号后两位+姓名，打开该工作簿，进行如下设置：

1) 插入并重命名工作表

插入一张新工作表，重命名为"员工信息统计"，置于"格式化员工基本信息表"工作表之后。

(1) 在该工作表中输入如图 5-1 所示的数据，并进行适当地编辑和格式化设置。

	A	B	C
1		项目	人数
2	性别	男	
3		女	
4	职称	高级工程师	
5		工程师	
6		高级经济师	
7		经济师	
8		高级会计师	
9		会计师	
10	所在部门	工程部	
11		研发部	
12		财务部	
13		人事部	

图 5-1　"员工信息统计"工作表数据和格式

(2) 以“格式化员工基本信息表”中的数据为依据，在“员工信息统计”工作表中，使用 COUNTIF 函数分别统计不同性别、不同职称及各部门的人数。

2) 数据计算

在“格式化员工基本信息表”工作表中完成数据的计算。

(1) 计算员工的年龄。员工编号的前 4 位为员工的出生年份，年龄为当前年份与出生年份的差值。

(2) 计算员工的工龄。工龄为当前年份与“入职时间”年份的差值。

(3) 判断员工是否为女工程师。当员工的性别为“女”并且职称为“工程师”时，在相应的单元格中显示“是”，否则显示“否”。

(4) 适当对表格进行格式化设置，使表格更加美观。

3) 插入工作表并完成设置

插入一张新工作表，重命名为“员工信息查询”，置于“员工信息统计”工作表之后。在该工作表中输入如图 5-2 所示的数据，并进行适当地编辑和格式化设置。在“格式化员工基本信息表”工作表中查询序号为“005”的员工信息，查询结果放在“员工信息查询”工作表的相应单元格中。

	A	B
1	序号	
2	姓名	
3	性别	
4	年龄	
5	职称	
6	工龄	

图 5-2　“员工信息查询”工作表数据和格式

4) 数据统计

在“格式化员工基本信息表”中，使用数据透视表统计各部门男员工和女员工的人数。

(1) 统计结果显示在当前工作表以 N3 开始的单元格区域中。

(2) 以“性别”为行标签，“所在部门”为列标签，“员工编号”为数值计数项。

(3) 数据透视表应用样式为：数据透视表样式中等深浅 13，并设置镶边行和镶边列效果。

(4) 以数据透视表的数据为数据源创建簇状柱形图。创建后，显示数据标签，并居中放置在数据点上。

4. 实验步骤

将上次实验完成的“员工表.xlsx”工作簿复制到桌面上，重命名为自己的学号后两位+姓名，打开该工作簿，进行如下设置：

1) 插入并重命名工作表

插入一张新工作表，重命名为“员工信息统计”，置于“格式化员工基本信息表”工作表之后。

参考 5.4 中的实验步骤插入和重命名工作表。

(1) 在该工作表中输入如图 5-1 所示的数据，并进行适当地编辑和格式化设置。

参考 5.2 中的实验步骤完成编辑和格式化操作。

(2) 以"格式化员工基本信息表"中的数据为依据，在"员工信息统计"工作表中，使用 COUNTIF 函数分别统计不同性别、不同职称及各部门的人数。

单击 C2 单元格，输入函数"=COUNTIF(格式化员工基本信息表!D3:D22,"男")"，按回车键。使用相同的方法统计女员工人数。单击 C4 单元格，输入函数"=COUNTIF(格式化员工基本信息表!G3:G22,"高级工程师")"，按回车键。使用相同的方法统计其他职称的人数。单击 C10 单元格，输入函数"=COUNTIF(格式化员工基本信息表!F3:F22,"工程部")"，按回车键。使用相同的方法统计其他部门的人数。

2) 数据计算

在"格式化员工基本信息表"工作表中完成数据的计算。

(1) 计算员工的年龄。员工编号的前 4 位为员工的出生年份，年龄为当前年份与出生年份的差值。

单击 E3 单元格，输入公式"=YEAR(TODAY())-LEFT(B3,4)"，按回车键。复制 E3 单元格中的公式到单元格区域 E4:E22，完成年龄的计算。

(2) 计算员工的工龄。工龄为当前年份与"入职时间"年份的差值。

单击 I3 单元格，输入公式"=YEAR(TODAY())-YEAR(H3)"，按回车键。选中 I3 单元格，单击"开始"选项卡中的"数字"组中的"数字格式"按钮 日期 ▼，选择"常规"。复制 I3 单元格中的公式到单元格区域 I4:I22，完成工龄的计算。

(3) 判断员工是否为女工程师。当员工的性别为"女"并且职称为"工程师"时，在相应的单元格中显示"是"，否则显示"否"。

单击 J3 单元格，输入函数"=IF(AND(D3="女",G3="工程师"),"是","否")"，按回车键。复制 J3 单元格中的函数到单元格区域 J4:J22，完成是否女工程师的判断。

(4) 适当对表格进行格式化设置，使表格更加美观。

参考 5.2 中的实验步骤对表格进行格式化设置。

3) 插入工作表并完成设置

插入一张新工作表，重命名为"员工信息查询"，置于"员工信息统计"工作表之后。在该工作表中输入如图 5-2 所示的数据，并进行适当地编辑和格式化设置。在"格式化员工基本信息表"工作表中查询序号为"005"的员工信息，查询结果放在"员工信息查询"工作表相应单元格中。

参考 5.4 中的实验步骤插入和重命名工作表，参考 5.2 中的实验步骤完成编辑和格式化操作。

单击 B1 单元格，输入"'005"，单击 B2 单元格，输入函数"=VLOOKUP(B1,格式化员工基本信息表!A2:J22,3)"，按回车键。使用相同的方法查询该员工的其他信息。

4) 数据统计

在"格式化员工基本信息表"中，使用数据透视表统计各部门男员工和女员工的人数。

(1) 统计结果显示在当前工作表以 N3 开始的单元格区域中。

单击单元格区域 A2:J22 中的任一单元格，单击"插入"选项卡中"表格"组中的"数据透视表"，在下拉菜单中选择"数据透视表"，打开"创建数据透视表"对话框，确认要统计分析的数据范围，"选择放置数据透视表的位置"为"现有工作表"，输入 N3 后单击"确定"按钮，出现"数据透视表字段列表"任务窗格。

(2) 以"性别"为行标签，"所在部门"为列标签，"员工编号"为数值计数项。

将"性别"拖入行标签区域，将"所在部门"拖入列标签区域，将"员工编号"拖入数值区域。

(3) 数据透视表应用样式为：数据透视表样式中等深浅 13，并设置镶边行和镶边列效果。

单击单元格区域 N3:S7 中任一单元格，单击"设计"选项卡中"数据透视表样式"中的"其他"按钮，在列表中选择"中等深浅"中的"数据透视表样式中等深浅 13"。在"数据透视表样式选项"组中选中"镶边行"和"镶边列"复选框完成设置。

(4) 以数据透视表的数据为数据源创建簇状柱形图。创建后，显示数据标签，并居中放置在数据点上。

单击单元格区域 N3:S7 中任一单元格，单击"插入"选项卡中的"图表"组中的"柱形图"，在下拉列表中选择"二维柱形图"中的"簇状柱形图"。单击"布局"选项卡中的"标签"组中的"数据标签"，在下拉列表中选择"居中"。

5. 实验思考

(1) 跨表引用在实际应用中有哪些优点？
(2) 数据透视表能够实现分类汇总的功能吗？二者有何区别？
(3) 如何改变数据透视表中的汇总方式？

5.6 Excel 2010 的综合应用

1. 实验目的

综合应用 Excel 电子表格处理软件的各种功能。

2. 实验环境

硬件：微型计算机

软件：Windows 7 操作系统、Office 2010 办公软件

3. 实验内容

将 Excel 素材文件夹中的"综合应用.xlsx"工作簿复制到桌面上，重命名为自己的学号后两位+姓名，打开该工作簿，进行如下设置：

1) 重命名工作表并进行编辑、格式化设置及数据计算

将"Sheet1"工作表重命名为"学生成绩统计表",对该工作表进行编辑、格式化设置以及数据的计算。

(1) "考号"列数据的输入采用先输入"'01",然后填充数据的方法实现。

(2) 设置表格标题格式为:黑体、20号、加粗,在表格标题范围内(A1:O1)合并后居中显示。

(3) 设置所有数据的水平对齐方式为:居中,所有行的行高为:自动调整行高,所有列的列宽为:自动调整列宽。

(4) 设置表格区域A1:O32的外边框为:黑色双线,内边框为:黑色细实线。

(5) 设置区域A22:M26的填充色为:红色,强调文字颜色2,淡色80%。区域A27:M31的填充色为:紫色,强调文字颜色4,淡色80%。区域A32:F32的填充色为:橙色,强调文字颜色6,淡色60%。

(6) 将所有考试科目小于60分的成绩填充为:红色。

(7) 在区域M4:M21中,使用函数计算每个学生所有考试科目的平均分,结果保留两位小数。

(8) 在区域G22:M24中,使用函数分别计算每个考试科目及平均分的最高分、最低分和平均分。最高分和最低分不保留小数位,平均分保留两位小数。

(9) 在单元格D32中,使用函数并依据"平均分"列的数据统计参加考试的总人数。

(10) 在区域G27:M31中,分别统计每个考试科目和平均分为"优(>=90)"、"良(>=80且<90)"、"中(>=70且<80)"、"及格(>=60且<70)"和"不及格(<60)"的人数。"优"和"不及格"人数使用函数统计,其他人数使用公式和函数混用的方法统计。

(11) 在区域G25:M25中,使用公式并依据等级为"优"的人数和总人数计算每个考试科目和平均分的优秀率,以百分数形式显示,保留两位小数。

(12) 在区域G26:M26中,使用公式计算每个考试科目和平均分的及格率,及格率为:1减去不及格率。不及格率依据等级为"不及格"的人数和总人数计算,以百分数形式显示,保留两位小数。

(13) 在区域N4:N21中,使用函数并依据"平均分"计算每个学生的名次。

(14) 在区域O4:O21中,使用函数并依据"平均分"评出成绩的等级,评价条件为:如果平均分>=60,则在对应单元格显示"及格",否则显示"不及格"。

(15) 在区域F4:F21中,计算学生所在的班级。学生所在班级由学生的入学年份和班级构成,如1601。学生学号的前两位为入学年份,第5位和第6位为学生所在的班级。

2) 重命名工作表并进行编辑、格式化设置及图表操作

将"Sheet2"工作表重命名为"成绩分布图",对该工作表进行编辑、格式化设置以及图表操作。

(1) 复制"学生成绩统计表"工作表中单元格区域G3:M3的数据,粘贴到"成绩分布图"工作表中B1:H1区域。

(2) 在A1单元格中输入"项目",A2单元格中输入"优",A3单元格中输入"良",

A4 单元格中输入"中",A5 单元格中输入"及格",A6 单元格中输入"不及格"。

(3) 使用跨表引用单元格数据的方法,将"学生成绩统计表"工作表中所有科目及其平均分的各等级人数显示到"成绩分布图"工作表中的相应位置。

(4) 使用格式刷,使得数据区域的格式和 B1 单元格的数据格式相同,效果如图 5-3 所示。

项目	听力	口语	词汇	语法	阅读	作文	平均分
优	3	1	4	5	4	4	2
良	4	4	7	5	5	6	7
中	4	7	4	4	3	5	5
及格	5	5	3	1	5	0	2
不及格	2	1	0	3	1	3	2

图 5-3 "成绩分布图"工作表数据和格式

(5) 以"项目"和"平均分"为数据源创建折线图,显示在单元格区域 A8:H24 中。

(6) 修改图表的标题为"成绩分布图"。设置主要横坐标轴标题为"等级",显示在图表下方。设置主要纵坐标轴标题为竖排标题,标题内容为"人数"。

(7) 设置图表绘图区的形状快速样式为:细微效果-橄榄色,强调颜色 3。

(8) 在图表中添加"语法"和"阅读"数据系列,并设置三个数据系列格式的线型为:平滑线。

3) 复制、重命名工作表并完成设置

将"Sheet3"工作表重命名为"数据排序",复制"学生成绩统计表"工作表中单元格区域 A3:O21 的数据,粘贴到"数据排序"工作表中 A3:O21 区域。复制三次"数据排序"工作表,将复制后的工作表移至最后,分别重命名为"自动筛选"、"高级筛选"和"分类汇总"。

(1) 在"数据排序"工作表中按照"平均分"降序排序,平均分相同时按照"口语"降序排序。

(2) 在"自动筛选"工作表中筛选出商务英语专业平均分大于或等于 80 的男学生记录。

(3) 在"高级筛选"工作表中筛选出平均分大于等于 90 或者作文成绩大于等于 90 的学生记录。

(4) 在"分类汇总"工作表中汇总出各专业所有考试科目和平均分的平均值。

4) 重命名工作表并完成设置

插入一张新工作表,重命名为"学生信息查询",置于"学生成绩统计表"工作表之后。在该工作表中输入如图 5-4 所示的数据,并进行适当地编辑和格式化设置。在"学生成绩统计表"工作表中查询考号为"06"的学生信息,查询结果放在"学生信息查询"工作表相应单元格中。

	A	B	C	D	E	F	G	H	I
1	考号	学号	姓名	性别	专业	班级	平均分	名次	总评
2									

图 5-4 "学生信息查询"工作表数据和格式

5) 数据统计

在"学生成绩统计表"中，使用数据透视表统计各专业男生和女生各"总评"的人数。

(1) 统计结果显示在名为"数据透视表"的新工作表中，置于"学生信息查询"工作表之后。

(2) 以"性别"为报表筛选，"总评"为行标签，"专业"为列标签，"姓名"为数值计数项。

(3) 数据透视表应用样式为：数据透视表样式中等深浅 27。

4. 实验步骤

将 Excel 素材文件夹中的"综合应用.xlsx"工作簿复制到桌面上，重命名为自己的学号后两位+姓名，打开该工作簿，进行如下设置：

1) 重命名工作表并进行编辑、格式化设置及数据计算

将"Sheet1"工作表重命名为"学生成绩统计表"，对该工作表进行编辑、格式化设置以及数据的计算。

双击"Sheet1"工作表标签，输入"学生成绩统计表"，按回车键。

(1) "考号"列数据的输入采用先输入"'01"，然后填充数据的方法实现。

单击 A4 单元格，输入"'01"，按回车键，拖动 A4 单元格右下角的填充句柄到 A21 单元格，完成考号的输入。

(2) 设置表格标题格式为：黑体、20 号、加粗，在表格标题范围内(A1:O1)合并后居中显示。

单击 A1 单元格，单击"开始"选项卡中的"字体"组中的相应按钮设置文字格式为：黑体，20 号，加粗。鼠标拖动选择单元格区域 A1:O1，单击"开始"选项卡中的"对齐方式"组中的"合并后居中"按钮。

(3) 设置所有数据的水平对齐方式为：居中，所有行的行高为：自动调整行高，所有列的列宽为：自动调整列宽。

鼠标拖动选择单元格区域 A1:O32，通过单击"开始"选项卡中的"对齐方式"组中的"居中"按钮设置所有数据的水平对齐方式为：居中。鼠标拖动行标题，选中第 1 行到第 32 行，单击"开始"选项卡中的"单元格"组中的"格式"按钮，在下拉菜单中选择"自动调整行高"。鼠标拖动列标题，选中第 A 列到第 O 列，单击"开始"选项卡中的"单元格"组中的"格式"按钮，在下拉菜单中选择"自动调整列宽"。

(4) 设置表格区域 A1:O32 的外边框为：黑色双线，内边框为：黑色细实线。

鼠标拖动选择单元格区域 A1:O32，单击"开始"选项卡中的"字体"组右下角的对话框启动器，打开"设置单元格格式"对话框，单击"边框"选项卡，在"样式"列表中选择第二列倒数第一行的双线，单击"预置"列表中的"外边框"，在"样式"列表中选择第一列倒数第一行的细实线，单击"预置"列表中的"内部"，单击"确定"按钮。

(5) 设置区域 A22:M26 的填充色为：红色，强调文字颜色 2，淡色 80%。区域 A27:M31 的填充色为：紫色，强调文字颜色 4，淡色 80%。区域 A32:F32 的填充色为：橙色，强调

文字颜色6，淡色60%。

鼠标拖动选择单元格区域A22:M26，单击"开始"选项卡中的"字体"组中的"填充颜色"按钮 中的下拉按钮，在"主题颜色"中选择"红色，强调文字颜色2，淡色80%"。使用相同的方法，设置区域A27:M31和区域A32:F32的填充色。

(6) 将所有考试科目小于60分的成绩填充为：红色。

鼠标拖动选择单元格区域G4:L21，单击"开始"选项卡中的"样式"组中的"条件格式"按钮，在下拉菜单中选择"突出显示单元格规则"，在下一级菜单中选择"小于"，出现"小于"对话框，在左边的文本框中输入60，在右边的"设置为"下拉列表中选择"自定义格式…"，打开"设置单元格格式"对话框，在"填充"选项卡中设置"背景色"为：红色，单击"确定"按钮关闭"设置单元格格式"对话框，单击"确定"按钮完成设置。

(7) 在区域M4:M21中，使用函数计算每个学生所有考试科目的平均分，结果保留两位小数。

单击M4单元格，输入函数"=AVERAGE(G4:L4)"，按回车键。选中M4单元格，单击"开始"选项卡中的"数字"组中的"增加小数位数"按钮 ，设置小数位数为2。复制M4单元格中的函数到单元格区域M5:M21，完成平均分的计算。

(8) 在区域G22:M24中，使用函数分别计算每个考试科目及平均分的最高分、最低分和平均分。最高分和最低分不保留小数位，平均分保留两位小数。

单击G22单元格，输入函数"=MAX(G4:G21)"，按回车键。复制G22单元格中的函数到单元格区域H22:M22，完成最高分的计算。使用相同的方法，计算最低分和平均分。选中单元格区域G24:M24，通过单击"开始"选项卡中的"数字"组中的"增加小数位数"按钮 和"减少小数位数"按钮 ，设置小数位数为2。

(9) 在单元格D32中，使用函数并依据"平均分"列的数据统计参加考试的总人数。

单击D32单元格，输入函数"=COUNT(M4:M21)"，按回车键。

(10) 在区域G27:M31中，分别统计每个考试科目和平均分为"优(>=90)"、"良(>=80且<90)"、"中(>=70且<80)"、"及格(>=60且<70)"和"不及格(<60)"的人数。"优"和"不及格"人数使用函数统计，其他人数使用公式和函数混用的方法统计。

单击G27单元格，输入函数"=COUNTIF(G4:G21,">=90")"，按回车键。复制G27单元格中的函数到单元格区域H27:M27，完成"优"的人数统计。使用相同的方法，统计"不及格"人数。

单击G28单元格，输入公式"=COUNTIF(G4:G21,">=80")- G27"，按回车键。复制G28单元格中的公式到单元格区域H28:M28，完成"良"的人数统计。使用相同的方法，统计"及格"和"中"人数。

(11) 在区域G25:M25中，使用公式并依据等级为"优"的人数和总人数计算每个考试科目和平均分的优秀率，以百分数形式显示，保留两位小数。

单击G25单元格，输入公式"=G27/$D32"，按回车键。选中G25单元格，单击"开始"选项卡中的"数字"组中的"百分比样式"按钮 ，参考(7)的步骤，设置小数位数为2。复制G25单元格中的公式到单元格区域H25:M25，完成优秀率的计算。

(12) 在区域 G26:M26 中，使用公式计算每个考试科目和平均分的及格率，及格率为：1 减去不及格率。不及格率依据等级为"不及格"的人数和总人数计算，以百分数形式显示，保留两位小数。

单击 G26 单元格，输入公式"=1-G31/$D32"，按回车键。参考(11)的步骤设置显示形式和小数位数。复制 G26 单元格中的公式到单元格区域 H26:M26，完成及格率的计算。适当调整列宽使得所有数据正常显示。

(13) 在区域 N4:N21 中，使用函数并依据"平均分"计算每个学生的名次。

单击 N4 单元格，输入函数"=RANK(M4,M$4:M$21)"，按回车键。复制 N4 单元格中的函数到单元格区域 N5:N21，完成名次的计算。

(14) 在区域 O4:O21 中，使用函数并依据"平均分"评出成绩的等级，评价条件为：如果平均分>=60，则在对应单元格显示"及格"，否则显示"不及格"。

单击 O4 单元格，输入函数"=IF(M4>=60,"及格","不及格")"，按回车键。复制 O4 单元格中的函数到单元格区域 O5:O21，完成总评的计算。

(15) 在区域 F4:F21 中，计算学生所在的班级。学生所在班级由学生的入学年份和班级构成，如 1601。学生学号的前两位为入学年份，第 5 位和第 6 位为学生所在的班级。

单击 F4 单元格，输入公式"=LEFT(B4,2) & MID(B4,5,2)"，按回车键。复制 F4 单元格中的公式到单元格区域 F5: F21，完成学生所在班级的计算。

2) 重命名工作表并进行编辑、格式化设置及图表操作

将"Sheet2"工作表重命名为"成绩分布图"，对该工作表进行编辑、格式化设置以及图表操作。

参考实验步骤 1)重命名工作表。

(1) 复制"学生成绩统计表"工作表中单元格区域 G3:M3 的数据，粘贴到"成绩分布图"工作表中 B1:H1 区域。

单击"学生成绩统计表"工作表标签，鼠标拖动选择单元格区域 G3:M3，使用 CTRL+C 组合键复制，单击"成绩分布图"工作表标签，单击 B1 单元格，使用 CTRL+V 组合键粘贴。

(2) 在 A1 单元格中输入"项目"，A2 单元格中输入"优"，A3 单元格中输入"良"，A4 单元格中输入"中"，A5 单元格中输入"及格"，A6 单元格中输入"不及格"。

单击 A1 单元格，输入"项目"，按回车键。使用相同的方法，输入其他数据。

(3) 使用跨表引用单元格数据的方法，将"学生成绩统计表"工作表中所有科目及其平均分的各等级人数显示到"成绩分布图"工作表中的相应位置。

单击 B2 单元格，输入公式"=学生成绩统计表!G27"，按回车键。复制 B2 单元格中的公式到 B2:H6 中的其他单元格区域，完成数据的引用。

(4) 使用格式刷，使得数据区域的格式和 B1 单元格的数据格式相同，效果如图 5-3 所示。

单击 B1 单元格，单击"开始"选项卡中的"剪贴板"组中的"格式刷"按钮，鼠标拖动选择单元格区域 A1:H6。

(5) 以"项目"和"平均分"为数据源创建折线图，显示在单元格区域 A8:H24 中。

鼠标拖动先选择单元格区域 A1:A6，按住 CTRL 键鼠标拖动选择单元格区域 H1:H6。单击"插入"选项卡中的"图表"组中的"折线图"，在下拉列表中选择"二维折线图"中的"折线图"。单击图表空白处，调整图表的大小和位置使其显示在单元格区域 A8:H24 中。

(6) 修改图表的标题为"成绩分布图"。设置主要横坐标轴标题为"等级"，显示在图表下方。设置主要纵坐标轴标题为竖排标题，标题内容为"人数"。

单击图表标题使其成为编辑状态，修改其内容为"成绩分布图"。

单击"布局"选项卡中的"标签"组中的"坐标轴标题"，在下拉列表中选择"主要横坐标轴标题"，在出现的下一级菜单中选择"坐标轴下方标题"，在图表下方出现坐标轴标题文本框，将其中的内容改为"等级"。使用相同的方法设置主要纵坐标轴标题。

(7) 设置图表绘图区的形状快速样式为：细微效果-橄榄色，强调颜色 3。

在"格式"选项卡中的"当前所选内容"组中的下拉列表中选择"绘图区"，单击"形状样式"组中的"其他"按钮，在出现的样式列表中选择"细微效果-橄榄色，强调颜色 3"。

(8) 在图表中添加"语法"和"阅读"数据系列，并设置三个数据系列格式的线型为：平滑线。

单击"设计"选项卡中的"数据"组中的"选择数据"，在"选择数据源"对话框中单击"添加"按钮，出现"编辑数据系列"对话框，在"系列名称"处输入"语法"，将"系列值"的内容改为"=成绩分布图!$E$2:$E$6"（也可通过选择区域实现），单击"确定"按钮关闭"编辑数据系列"对话框，单击"确定"按钮关闭"选择数据源"对话框。使用相同的方法添加"阅读"数据系列。

单击数据系列"平均分"，单击"格式"选项卡中的"当前所选内容"组中的"设置所选内容格式"按钮，打开"设置数据系列格式"对话框，单击左侧的"线型"，选中"平滑线"复选框，单击"关闭"按钮。使用相同的方法设置其他数据系列的线型。

3) 复制、重命名工作表并完成设置

将"Sheet3"工作表重命名为"数据排序"，复制"学生成绩统计表"工作表中单元格区域 A3:O21 的数据，粘贴到"数据排序"工作表中 A3:O21 区域。复制三次"数据排序"工作表，将复制后的工作表移至最后，分别重命名为"自动筛选"、"高级筛选"和"分类汇总"。

参考前面的实验步骤，完成工作表的插入、重命名、复制和单元格数据的复制操作。

(1) 在"数据排序"工作表中按照"平均分"降序排序，平均分相同时按照"口语"降序排序。

单击单元格区域 A3:O21 中任一单元格，单击"数据"选项卡中的"排序和筛选"组中的"排序"按钮，打开"排序"对话框，选择主要关键字为"平均分"，排序依据为"数值"，次序为"降序"，单击"添加条件"按钮，选择次要关键字为"口语"，排序依据为"数值"，次序为"降序"，单击"确定"按钮。

(2) 在"自动筛选"工作表中筛选出商务英语专业平均分大于或等于 80 的男学生记录。

单击单元格区域 A3:O21 中任一单元格，单击"数据"选项卡中的"排序和筛选"组中的"筛选"按钮，单击"专业"列的筛选按钮，仅选择"商务英语"，单击"确定"按钮。单击"平均分"列的筛选按钮，选择"数字筛选"下一级的"大于或等于"，打开"自定义自动筛选方式"对话框，在"大于或等于"后的文本框中输入80，单击"确定"按钮。单击"性别"列的筛选按钮，仅选择"男"，单击"确定"按钮。

(3) 在"高级筛选"工作表中筛选出平均分大于等于90或者作文成绩大于等于90的学生记录。

在A23单元格输入"平均分"，在B23单元格输入"作文"，在A24单元格中输入">=90"，在B25单元格中输入">=90"，单击单元格区域A3:O21中任一单元格，单击"数据"选项卡中的"排序和筛选"组中的"高级"按钮，打开"高级筛选"对话框，确认"列表区域"框中的单元格区域，将光标定位到"条件区域"框中，鼠标拖动选择单元格区域A23:B25，单击"确定"按钮。

(4) 在"分类汇总"工作表中汇总出各专业所有考试科目和平均分的平均值。

参考实验步骤(1)，以"专业"为主要关键字排序。单击单元格区域A3:O21中任一单元格，单击"数据"选项卡中的"分级显示"组中的"分类汇总"按钮，打开"分类汇总"对话框，在"分类字段"下拉列表中选择"专业"，在"汇总方式"下拉列表中选择"平均值"，在"选定汇总项"列表中，选中"听力"、"口语"、"词汇"、"语法"、"阅读"、"作文"和"平均分"复选框，单击"确定"按钮。

4) 重命名工作表并完成设置

插入一张新工作表，重命名为"学生信息查询"，置于"学生成绩统计表"工作表之后。在该工作表中输入如图5-4所示的数据，并进行适当地编辑和格式化设置。在"学生成绩统计表"工作表中查询考号为"06"的学生信息，查询结果放在"学生信息查询"工作表相应单元格中。

参考前面的实验步骤，完成工作表的插入和重命名操作，输入数据并适当格式化。

单击A2单元格，输入"'06"，单击B2单元格，输入公式"=VLOOKUP($A2,学生成绩统计表!$A3:$O21,2)"，按回车键。复制B2单元格的公式到单元格区域C2:I2，修改第三个参数的值，完成其他信息的查询。

5) 数据统计

在"学生成绩统计表"中，使用数据透视表统计各专业男生和女生各"总评"的人数。

(1) 统计结果显示在名为"数据透视表"的新工作表中，置于"学生信息查询"工作表之后。

鼠标拖动选择单元格区域A3:O21，单击"插入"选项卡中"表格"组中的"数据透视表"，在下拉菜单中选择"数据透视表"，打开"创建数据透视表"对话框，确认要统计分析的数据范围，"选择放置数据透视表的位置"为"新工作表"，单击"确定"按钮，出现"数据透视表字段列表"任务窗格。参考前面的步骤将新工作表重命名为"数据透视表"，并将其移到"学生信息查询"工作表之后。

(2) 以"性别"为报表筛选，"总评"为行标签，"专业"为列标签，"姓名"为数值计数项。

将"性别"拖入报表筛选区域，将"总评"拖入行标签区域，将"专业"拖入列标签区域，将"姓名"拖入数值区域。

(3) 数据透视表应用样式为：数据透视表样式中等深浅 27。

单击单元格区域 A1:E7 中任一单元格，单击"设计"选项卡中"数据透视表样式"中的"其他"按钮，在列表中选择"中等深浅"中的"数据透视表样式中等深浅 27"。

5. 实验思考

(1) 如果先设置单元格的条件格式，再输入单元格数据，单元格中满足条件的数据会显示为指定的格式吗？

(2) 跨表引用单元格数据的方法是什么？

(3) 在数据透视表中如何实现筛选功能？

第6章 计算机网络

本章是学习计算机网络理论知识和熟悉计算机网络操作的基础。通过本章的学习，理解计算机网络的基础知识，掌握计算机网络的基本操作，对计算机网络有一个初步了解，可以更好地为学习其他学科服务。

6.1 自主学习

1. 知识点

1) 计算机网络基础知识

(1) 计算机网络的定义。计算机网络就是利用通信线路和通信设备，用一定的连接方法，将分布在不同地点或同一地点的具有独立功能的多台计算机系统(可包括独立计算机和网络两种)相互连接起来，在网络软件的支持下进行数据通信，实现资源共享的系统。

(2) 计算机网络的功能。

① 数据通信。传输文件、使用电子邮件等。

② 资源共享。共享软硬件资源和数据资源。

③ 远程传输。分布在远程位置的用户传输数据信息。

④ 集中管理。通过 MIS 系统、OA 系统等实现集中管理。

⑤ 实现分布式处理。大任务分为若干小任务，由不同的计算机分别完成再集中起来解决问题。

⑥ 负荷均衡。工作被均匀的分配给网络上的各台计算机系统。

(3) 计算机网络的分类。计算机网络可以从不同角度进行分类，如果按网络分布范围的大小进行分类，可以分为：局域网(Local Area Network，LAN)、城域网(Metropolis Area Network，MAN)和广域网(Wide Area Network，WAN)。

(4) 计算机网络拓扑结构。拓扑是从图论演变过来的，是一种研究与大小形状无关的点、线、面特点的方法。计算机网络的拓扑结构可分为总线型、环型、星型、树型、网状型等。

(5) 数据的传输介质。

① 有线通信介质：双绞线、同轴电缆、光纤等。

② 无线通信介质：无线电短波、微波、红外线、激光等。

2) 计算机网络体系结构

(1) OSI 体系结构。OSI 模型把网络通信的工作分为七层，分别为物理层、数据链路层、网络层、传输层、会话层、表示层和应用层。

(2) TCP/IP 体系结构。计算机网络体系结构由网络协议和计算机网络层次组成。网络体系结构采用层次结构，不同系统中的同一层靠同等层协议通信。TCP/IP 网络体系结构就是层次结构，分为四个层次：网络接口层、网络层、传输层和应用层。

3) 局域网

局域网是指在某一区域内由多台计算机互联成的计算机组。局域网可以实现文件管理、应用软件共享、打印机共享、传真通信服务等功能。可以实现网络互联的设备有中继器、集线器、网桥、交换机、路由器、无线路由器等。

4) Internet 基础知识

(1) IP 地址。每个 IP 地址由网络标识和主机标识两部分组成，分别表示一台计算机所在的网络和在该网络内的这台计算机。IP 地址标识为 A、B、C、D、E 五类地址，其中 A 类、B 类和 C 类是基本类型，最为常用，D 类为多路广播地址，E 类为保留地址，用于实验性地址。

IP 地址通常和子网掩码一起使用，子网掩码有两个作用：一是间接获得网络号；二是用于划分子网。

(2) 域名系统 DNS。DNS 域名空间采用层次结构，从根域名开始，有顶级域名，下面再划分各级子域名，网络中的计算机主机名接在某一子域名后面。

(3) 常用协议。

① 超文本传输协议 HTTP：从服务器传输数据到客户端的传输协议，所有的 www 文件都必须遵守这个协议。

② 文件传输协议 FTP：用来在两台计算机之间互相传送文件。FTP 采用客户机/服务器模式。

③ 电子邮件协议：常用的电子邮件协议有 SMTP、POP3、IMAP4 等。

④ 远程登录协议 Telnet 协议：通过软件程序实现用户通过 TCP 连接登录到远程的另一个主机上。

⑤ TCP/IP 协议：IP 协议控制分组在因特网的传输，但因特网不保证可靠交付；TCP 协议保证了应用程序之间的可靠通信。

2. 技能点

计算机网络的实验主要包括四大方面：资源共享设置、网线的制作、Internet 的基本操作、FTP 站点及 FTP 服务器软件的使用。涉及的基本技能点如下：

(1) TCP/IP 协议参数的查看。

(2) 局域网内文件共享的设置。
(3) 双绞线的制作。
(4) Internet 的基本操作。
① 浏览器的使用：设置默认主页、清除使用痕迹、网页的收藏、网页的保存等。
② 电子邮箱的申请和使用。
③ 信息的检索和保存。
④ 文件的上传和下载。
(5) FTP 服务器软件 Server-U 的安装和使用。
(6) FTP 服务的使用。

6.2 资源共享设置

1. 实验目的

(1) 掌握查看 TCP/IP 协议配置参数的方法。
(2) 掌握 Windows 系统用户在局域网设置资源共享的方法。
(3) 掌握局域网资源共享的管理和使用方法。

2. 实验环境

(1) 硬件：微型计算机。
(2) 软件：Windows 7 操作系统。

3. 实验内容

(1) 查看本地计算机的 TCP/IP 协议配置参数。
(2) 在本地计算机 D 盘下建立自己的班级文件夹(如：物理 1701)，在班级文件夹中建立个人文件夹(命名为：学号后两位+姓名)，将班级文件夹进行局域网共享设置。设置后，检查共享是否设置成功。
(3) 将本地计算机的打印机进行共享设置。

4. 实验步骤

(1) 查看本地计算机的 TCP/IP 协议配置参数。
参考教材 P210：IP 地址的设置。
(2) 将 D 盘下的班级文件夹进行局域网共享设置。设置后，检查共享是否设置成功。
① 双击桌面上的"计算机"图标，打开 D 盘，选中要共享的文件夹"物理 1701"。
② 右键单击文件夹"物理 1701"，在弹出的快捷菜单中选择"属性"命令，打开"物理 1701 属性"对话框，切换到"共享"选项卡，如图 6-1 所示，单击"高级共享"命令按钮。

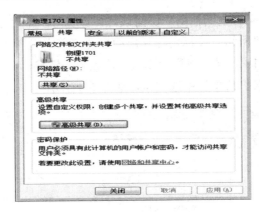

图 6-1 "物理 1701 属性"对话框

③ 在打开的"高级共享"对话框中，选中"共享此文件夹"复选框，如图 6-2 所示，单击"权限"按钮，打开"物理 1701 的权限"对话框，设置 Everyone 共享文件夹权限，如图 6-3 所示。如果需要添加组或用户名，可以通过单击"添加"按钮完成。

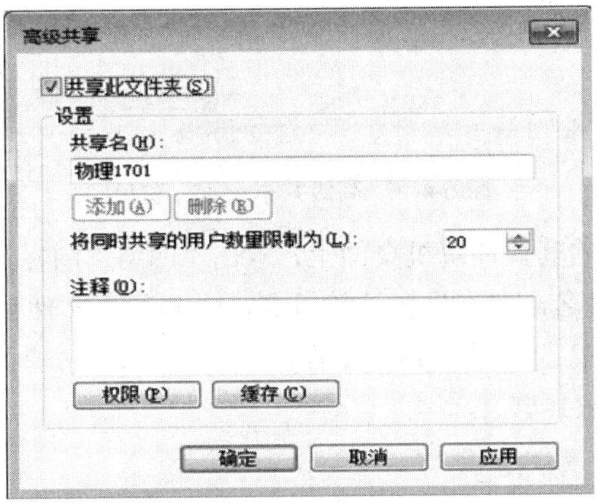

图 6-2 "高级共享"对话框

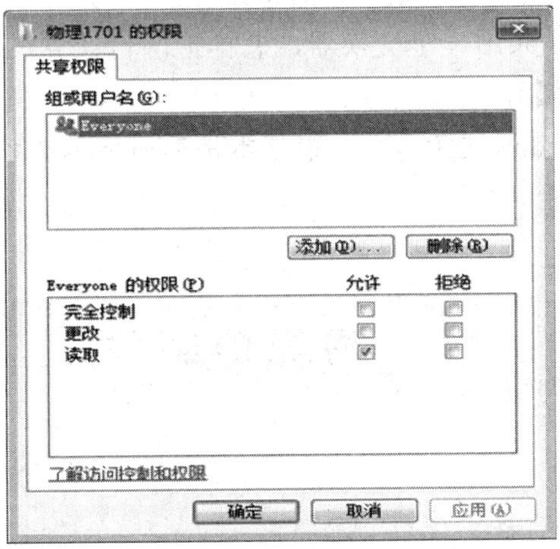

图 6-3 "物理 1701 的权限"对话框

④ 设置共享后，如果希望其他用户访问该台计算机时，不进行用户名和密码的访问。可以通过右击桌面上的"网络"图标，在弹出的快捷菜单中选择"属性"命令，在打开的"网络和共享中心"窗口中，单击"更改高级共享设置"链接，在打开的"高级共享设置"窗口中选中"关闭密码保护共享"单选按钮，如图 6-4 所示。

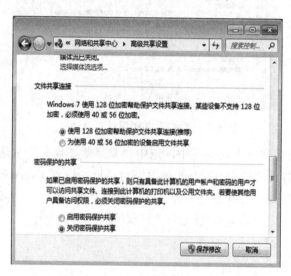

图 6-4　"高级共享设置"窗口

⑤ 在同一局域网内的其他计算机桌面上，双击"网络"图标，在打开的网络窗口中可以显示连网的所有计算机名，双击目标计算机名，看到共享文件夹说明共享设置成功。

(3) 将本地计算机的打印机进行共享设置。

参考教材 P187：资源共享。

5. 实验思考

(1) 两台计算机怎么设置资源共享？

(2) Windows 7 在局域网设置网络共享后怎么设置密码？

(3) 同寝室的两位同学共用一个交换器，怎样把两台计算机连接起来，使一台计算机可以共享另一台计算机的资源？

(4) 假如台式机是 Windows XP 系统，笔记本是 Windows 7 系统，如何通过共享文件夹把笔记本里的资料拷贝到台式机中？

6.3　网线的制作

1. 实验目的

(1) 了解双绞线和水晶头的组成结构和使用方法。

(2) 掌握双绞线的制作方法。

(3) 了解各网络设备之间连接的特点。

2. 实验环境

硬件：微型计算机。

3. 实验内容

(1) 准备制作网线所需的材料和工具。

(2) 观察双绞线的组成和颜色以及 RJ-45 水晶头的结构。

(3) 练习剥线钳和双绞线专用压线钳等工具的使用。

(4) 熟悉双绞线的两种接法。

(5) 根据需要确定双绞线类型。

(6) 进行网线的制作。

(7) 网线性能检测，用测线仪检测验证网线是否连接正常。

4. 实验步骤

(1) 准备制作网线所需的材料和工具(双绞线、RJ-45 水晶头、剥线钳、双绞线专用压线钳等)。

(2) 观察双绞线的组成和颜色以及 RJ-45 水晶头的结构。

(3) 练习剥线钳和双绞线专用压线钳等工具的使用。

(4) 熟悉双绞线的两种接法。

① 标准 T568A：绿白、绿、橙白、蓝、蓝白、橙、棕白、棕。

② 标准 T568B：橙白、橙、绿白、蓝、蓝白、绿、棕白、棕。

(5) 根据需要确定双绞线类型。

① 直通线：两头都按标准 T568B 线序连接，用于不同设备之间的互联。

② 交叉线：一头按标准 T568A 线序连接，一头按标准 T568B 线序连接，用于同种设备之间的互联。

(6) 进行网线的制作。

参考教材 P194：数据的传输介质。

(7) 网线性能检测，用测线仪检测验证网线是否连接正常。

将网线两端分别插入测线仪，打开测线仪开关，测试指示灯亮。若两排的指示灯是同步亮的，说明网线连接正常；若两排指示灯没有同步亮，说明网线连接有问题，应重新制作。

5. 实验思考

(1) 制作双绞线时应该注意哪些问题？

(2) 如果双绞线测试结果未通过测试，其原因是什么，如何解决？

(3) 实验过程中有哪些心得？

6.4　Internet 的基本操作

1. 实验目的

(1) 掌握 IE 浏览器的常用操作。
(2) 掌握 Internet 上信息的检索和保存。
(3) 掌握文件的上传和下载。
(4) 掌握电子邮箱的申请和电子邮件的收发。
(5) 掌握校园网电子书的下载和阅读。
(6) 了解校园网的主要栏目。

2. 实验环境

(1) 硬件：微型计算机。
(2) 软件：Windows 7 操作系统、浏览器、Office 2010 办公软件、阅读器。

3. 实验内容

1) 新建文件夹

在桌面上新建一个文件夹，命名为自己的学号后两位+姓名，以下文件均保存到该文件夹中。

2) IE 浏览器的使用

(1) 在收藏夹中建立三个文件夹：学校、购物和视频，在每个文件夹中添加两个相应的网页，如将运城学院的网页添加到学校文件夹中，添加后，导出收藏夹到自己的文件夹中。

(2) 设置浏览器的默认主页为 http://www.baidu.com/，并删除浏览历史记录，将设置时打开的对话框截图，以图片文件格式保存，命名为：Internet 选项设置。

(3) 设置 Internet 临时文件要使用的磁盘空间、网页保存在历史记录中的天数以及 Internet 区域的安全级别。

3) 信息的搜索和下载

(1) 搜索"天才出于勤奋"的相关信息，以网页形式(要求保存类型为"网页，仅 HTML")保存，命名为：天才出于勤奋。
(2) 搜索并下载一幅自己喜欢的图片，以图片文件格式保存，命名为：图片 1。
(3) 搜索并下载一幅自己喜欢的透明背景图片，以图片文件格式保存，命名为：图片 2。
(4) 搜索并下载一首自己喜欢的歌曲，以音频文件格式保存，命名为：音乐。

4) 校园网的使用

(1) 在校园网下载一则本系的新闻或通知，以 word 文档保存，命名为：本系新闻。
(2) 在校园网下载本班本学期的课表，以 word 文档保存，命名为：班级课表。

(3) 在校园网(中国知网)下载一篇与本专业有关的论文,命名为:论文。

(4) 下载阅读器,并阅读下载的论文。

5) 电子邮箱的使用

向自己和一位好友的邮箱同时发送一个邮件,将桌面上自己的文件夹压缩后以附件形式发送,将发送的页面截图,以图片文件格式保存,命名为:邮件发送。

4. 实验步骤

1) 新建文件夹

在桌面上新建一个文件夹,命名为自己的学号后两位+姓名,以下文件均保存到该文件夹中。

2) IE浏览器的使用

(1) 在收藏夹中建立三个文件夹:学校、购物和视频,在每个文件夹中添加两个相应的网页,如将运城学院的网页添加到学校文件夹中,添加后,导出收藏夹到自己的文件夹中。

① 打开 IE 浏览器,单击"收藏夹"菜单下的"整理收藏夹"命令,在打开的"整理收藏夹"对话框中新建三个文件夹:学校、购物和视频。

② 关闭"整理收藏夹"对话框后,打开"运城学院"网站主页,单击"收藏夹"菜单下的"添加到收藏夹"命令,在打开的"添加收藏"对话框中单击"创建位置"后的下拉按钮,在展开的列表中选择"学校"文件夹,单击"添加"按钮,完成运城学院主页收藏。使用同样方法分别在三个文件夹下完成相应网页的收藏。

③ 单击"文件"菜单下的"导入和导出"命令,在打开的"导入/导出设置"对话框中,根据向导提示完成收藏夹的导出。

(2) 设置浏览器的默认主页为 http://www.baidu.com/,并删除浏览历史记录,将设置时打开的对话框截图,以图片文件格式保存,命名为:Internet 选项设置。

① 参考教材 P216:浏览器的使用。

② 使用"附件"中的截图工具完成页面截图和保存。

(3) 设置 Internet 临时文件要使用的磁盘空间、网页保存在历史记录中的天数以及 Internet 区域的安全级别。

参考步骤(2),在"Internet 选项"对话框中完成要求的设置。

3) 信息的搜索和下载

(1) 搜索"天才出于勤奋"的相关信息,以网页形式(要求保存类型为"网页,仅 HTML")保存,命名为:天才出于勤奋。

① 打开百度首页,在网页搜索框中输入关键词:天才出于勤奋。

② 在打开的搜索结果页面,单击需要的内容链接。

③ 在打开的页面中,单击"文件"菜单下的"另存为"命令。

④ 在"保存网页"对话框中,选择保存位置到自己的文件夹,保存类型为"网页,仅

HTML",输入文件名"天才出于勤奋",单击"保存"按钮。

(2) 搜索并下载一幅自己喜欢的图片,以图片文件格式保存,命名为:图片1。

① 打开百度首页,在"更多产品"中单击"图片"。

② 在打开的"百度图片"网页搜索框中,输入关键词。

③ 在打开的搜索结果页面中,单击喜欢的图片。

④ 在图片上单击鼠标右键,在弹出的快捷菜单中选择"图片另存为"命令,将该图片保存到自己的文件夹中,命名为:图片1。

(3) 搜索并下载一幅自己喜欢的透明背景图片,以图片文件格式保存,命名为:图片2。

参考步骤(2),完成透明背景图片的搜索、下载和保存。

(4) 搜索并下载一首自己喜欢的歌曲,以音频文件格式保存,命名为:音乐。

参考步骤(2),完成歌曲的搜索、下载和保存。

4) 校园网的使用(以运城学院为例)

(1) 在校园网下载一则本系的新闻或通知,以 Word 文档保存,命名为:本系新闻。

① 在自己的文件夹中新建一个 Word 文档,命名为:本系新闻。

② 打开 IE 浏览器,在地址栏输入运城学院网址:http://www.ycu.edu.cn,打开网站主页。

③ 单击主页标签"教学系部"进入本系的网页,例如:打开经济管理系的网页。

④ 在打开的经济管理系页面中,单击"本系要闻"标签,选择一则新闻并将新闻内容复制到"本系新闻"文档中。

⑤ 单击"保存"命令按钮。

(2) 在校园网下载本班本学期的课表,以 Word 文档保存,命名为:班级课表。

参考步骤(1),完成课表的下载和保存。

(3) 在校园网(中国知网)下载一篇与本专业有关的论文,命名为:论文。

① 打开校园网,进入"教学资源"栏目,单击左侧的"图书资源",进入图书馆页面。

② 在图书馆页面中,单击"馆藏期刊检索"下方的"电子期刊"标签。

③ 在打开的"电子期刊"页面中,单击"中国知网电子期刊(CNKI)"链接,在打开的页面中单击:www.cnki.net(校园网内选择 IP 登录),进入"中国知网"页面。

④ 在检索栏选择要检索的项目和内容,单击"检索"按钮即可显示符合要求的检索内容。

⑤ 选中要下载的文档,并单击该文档后的下载按钮,打开"文件下载"对话框,单击"保存"按钮,打开"另存为"对话框,输入文件名为"论文",选择保存位置到自己的文件夹,单击"下载"按钮。

(4) 下载阅读器,并阅读下载的论文。

参考步骤(3),在打开的"电子期刊"页面中,单击"浏览器下载:"链接的访问地址,进入"下载 CAJViewer 浏览器"页面,下载 CAJViewer 浏览器并安装,安装成功后打开下载的论文阅读。

5) 电子邮箱的使用

向自己和一位好友的邮箱同时发送一个邮件，将桌面上自己的文件夹压缩后以附件形式发送，将发送的页面截图，以图片文件格式保存，命名为：邮件发送。

以文件夹"01 张磊"为例，使用 126 邮箱完成邮件发送。

① 右击文件夹"01 张磊"，在弹出的快捷菜单中选择"添加到"01 张磊.rar""命令，生成同名的压缩文件。

② 打开自己的邮箱，进入"写信"页面，依次输入自己和朋友的邮箱地址、主题，单击"添加附件"按钮，在打开的"选择要加载的文件"对话框中选择已压缩的文件，单击"打开"按钮，等待提示"上传完毕"，单击"发送"按钮。

③ 使用"附件"中的截图工具完成发送页面截图，并将图片命名为：邮件发送。

5. 实验思考

(1) 常用的阅读器有哪些？请尝试下载、安装并使用。

(2) 使用 Microsoft Outlook 可以发送和接收电子邮件，请按照本次实验 5)中的要求练习操作。

(3) 常用的浏览器有哪些？

(4) 怎样才能快速搜索到需要的信息？有什么经验可以分享？

(5) 常用的音乐网站有哪些？欣赏音乐常用哪些播放器？

(6) 所在学院的 IP 地址和域名是什么？分析一下域名结构。

6.5 FTP 站点与 FTP 服务器软件

1. 实验目的

(1) 熟悉 FTP 站点的基本配置管理。

(2) 掌握 FTP 服务器软件 Server-U 的使用。

2. 实验环境

(1) 硬件：微型计算机。

(2) 软件：Windows 7 操作系统、Server-U 安装程序。

3. 实验内容

(1) 安装 FTP 服务器软件 Server-U。

(2) 设置 FTP 站点的 IP 地址、用户名和密码。

(3) 测试 FTP 服务器。在地址栏输入：ftp://IP 地址，在弹出的对话框中输入用户名和密码，测试要连接的文件夹是否能正常打开。

(4) FTP 的使用。

① 在桌面上新建一个文件夹，命名为自己的学号后两位+姓名，以下文件均保存到该

文件夹中。

② 从网上下载与"凤凰传奇"相关的文字、图片和音乐资料，分别命名为：凤凰传奇简介.docx、图片.jpg 和月亮之上.mp3，保存在自己的文件夹中。

③ 将自己的文件夹上传到创建的 FTP 上。

④ 下载 FTP 上自己文件夹中的月亮之上.mp3 文件到本机，并播放试听。

4. 实验步骤

(1) 安装 FTP 服务器软件 Server-U。双击安装文件，在安装向导的提示下完成安装，运行 Server-U。

(2) 设置 FTP 站点的 IP 地址、用户名和密码。

① 安装成功后将启动 Server-U 控制台，完成加载管理控制台，若当前没有现存域会提示"是否创建新域"，单击"是"启动域向导，在域向导的提示下完成域的创建。

② 创建域后，会出现"域中暂无用户，您现在要为该域创建用户账户吗？"的提示对话框，单击"是"启动用户向导，在用户向导的提示下完成用户名和密码的设置。

(3) 测试 FTP 服务器。

① 在地址栏中输入已设置的 IP 地址，格式为：ftp://IP 地址。

② 弹出的对话框中输入已设置的用户名和密码。

③ 观察要连接的文件夹是否能正常打开。

(4) FTP 的使用。参考 6.4 节 Internet 的基本操作中实验步骤 3)信息的搜索和下载的步骤，完成文字、图片和音乐的下载，保存在自己的文件夹中，将自己的文件夹上传到创建的 FTP 上，并下载 FTP 上自己文件夹中的月亮之上.mp3 文件到本机，播放试听。

5. 实验思考

(1) Windows 环境下的客户端 FTP 服务器软件有哪些？

(2) 如何增强 FTP 站点的安全性？

(3) FTP 服务器的主要功能有哪些？

(4) FTP 服务器有几种登录方式？

(5) FTP 在使用过程中需要注意哪些问题？

第 7 章 网站开发实用技术

本章主要学习网站开发实用技术的基础知识。通过本章的学习，掌握 Web 页面设计的核心技术 HTML、CSS 和 JavaScript 的基本知识，学会对网页结构和布局的设计、对网页元素进行美化，并通过简单程序的控制设计拥有动态效果的网页，以便对网站开发有一个初步了解，为以后的深入学习奠定基础。

7.1 自主学习

1. 知识点

网站从逻辑上讲是由若干个网页组合的一个整体，本质上是计算机中保存的所有网页文件及资源文件的一个文件夹。网站是一个整体，网站为用户(浏览者)提供的内容是通过网页展示出来的，用户浏览网站，其实就是浏览网页。网页实际上是用 HTML 编写的文本文件，在浏览网页时，浏览器将 HTML 翻译成用户看到的网页。

不同的网页虽然内容有区别，但都是由网页基本元素组成的，一般包括图片、文字、动画、视频、声音等多种媒体元素。网页与其他文件如 Word、TXT、PDF 不同，一个网页实际上并不是只由一个单独的文件构成，网页中所显示的图片、声音及其他多媒体素材都是以文件的形式单独存放的。网站的门户网页是主页，是网站最重要的网页，通常习惯上命名为 index.html 或者 index.htm。

HTML+CSS+JavaScript 是网站设计人员常采用的网站开发技术，它将网页的内容、表现和行为分离。HTML 负责为网站添加元素内容，CSS 负责网页的外观格式设计，JavaScript 负责为网站添加各种特效，使页面更加生动。

1) HTML

HTML 是一种用来制作超文本文档的标记语言，它允许建立文本与图片相结合的复杂页面。创建一个 HTML 文档(其文件扩展名为.html 或者 htm)需要两个工具，一个是 HTML 编辑器，一个是 Web 浏览器。

(1) HTML 文件结构。

```
<html>          <!--    开始标签           -->
    <head>      <!--    头部标签           -->
        <title>网页标题</title>
    </head>
    <body>      <!--    主体开始标签        -->
        网页内容
    </body>     <!--    主体结尾标签        -->
</html>
```

(2) HTML 标签。

① <head>标签：文档的开头部分，用于设置页面的功能，包括页面的标题及各种参数。

```
<head><!--       head 标签中的内容不会在浏览器的文档窗口中显示        -->
    <title> 网页标题 </title><!--  一个网页最多有一个 title 标签，也可以省略  -->
</head>
```

② <body>标签：<body>标签是必不可少的，它标示文档主体内容的开始和结束，网页上显示的所有内容都必须在<body></body>标签中。其常用属性如表 7-1 所示。

表 7-1 <body>标签的常用属性

属　性	值	描　述
bgcolor	rgb(x,x,x)、#xxxxxx 或颜色名称	文档的背景色
background	图像地址	文档的背景图像
text	rgb(x,x,x)、#xxxxxx 或颜色名称	文档中所有文本的颜色
link	rgb(x,x,x)、#xxxxxx 或颜色名称	未访问的超级链接颜色
vlink	rgb(x,x,x)、#xxxxxx 或颜色名称	访问过的超级链接颜色
alink	rgb(x,x,x)、#xxxxxx 或颜色名称	当前活动的超级链接颜色
leftmargin	像素值	网页主体内容距离网页左端的距离
topmargin	像素值	网页主体内容距离网页顶端的距离

(3) 文字格式与页面布局。

① <font>标签：定义文本的字体、颜色、大小。

定义字体：<font face="字体名称">文本内容 </font>。

定义颜色：<font color="颜色值">文本内容 </font>。

定义大小：<font size="字号大小">文本内容 </font>，字号大小的有效范围为 1~7，默认值是 3。

② <h#>标签：文字标题设置。

其中#=1, 2, 3, 4, 5, 6 分别代表一级标题、二级标题等。

③ 其他格式设置。

<i> 倾斜文本   </i>

<b> 粗体文本   </b>

<u> 下划线文本 </u>
<s> 删除线文本 </s>

④ 段落标签。

为了排列的整齐、清新，在文字之间，常用<p>标签来分段。段落的开始于标签<p>，段落的结束于</p>标签。如果只换行不分段，应该加上
标签，
标签不是成对出现的。

⑤ <div>标签。是通用的块标签，内部可以包含其他<div>标签和<p>标签。

无论是块还是段落，都可使用 align 设置对齐属性，属性值可以为 left、center 或 right。

⑥ 水平线标签。水平线用<hr>标签实现，没有结束标记。其常用属性如表 7-2 所示。

表 7-2 水平线标签的常用属性

属性	值	描述
size	像素值	高度
width	像素值或百分比	长度或相对页面宽度的百分比
align	left、center 或 right	对齐方式
color	rgb(x,x,x)、#xxxxxx 或颜色名称	颜色
noshade	noshade 或者无 noshade	规定颜色呈现为纯色或阴影线段

(4) 列表标签。

① 无序列表标签为<ul>，<li>标签定义列表中的项目。

如：<ul>
  <li>水果类</li>
  <li>蔬菜类</li>
  </ul>

② 有序列表标签为<ol>，<li>标签定义列表中的项目。

如：<ol>
  <li>水果类</li>
  <li>蔬菜类</li>
  </ol>

③ 自定义列表标签<dl>，其中标题项由<dt>标签定义、内容项由<dd>标签定义。

如：<dl>
  <dt>联系方式 </dt>
  <dd> QQ 88156694   </dd>
  <dd> E-mail   wanxiaohong.kk@163.com   </dd>
  <dd> Tel   138359698**   </dd>
  </dl>

(5) <img>标签。插入图像，无结束标签。其常用属性如表 7-3 所示。

表 7-3 <img>标签的常用属性

属性	值	描述
src	URL	图像的相对地址或绝对地址
width	像素值或百分比	设置图像宽度
height	像素值或百分比	设置图像高度
border	像素值	图像边框的宽度
alt	文本内容	图像的替代文本

(6) 超链接。

① 超链接<a>标签，href 属性值是超链接目标文件的地址。

② 锚点链接。

锚点链接可以实现在单击链接后跳转到同一网页文档中的某个指定位置，如果需要在网页文档的某个位置设置锚点链接，必须先在该位置(通常是特定主题处或顶部)用 id 属性设置锚点标识符：<a id="锚点标识符">这里是你想链接的点</a>，然后再到需要链接到锚点标识符的位置设定链接：<a href="#锚点标识符">链接</a>。

(7) 表格<table>标签。

① 表格的基本结构。

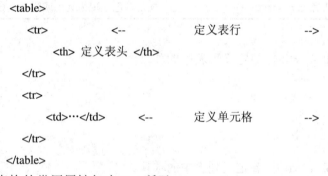

② 表格的常用属性如表 7-4 所示。

表 7-4 表格的常用属性

属性	值	描述
width	像素值或百分比	设置表格或单元格的宽度
height	像素值或百分比	设置表格或单元格的高度
border	像素值	表格或单元格边框的宽度
bordercolor	rgb(x,x,x)、#xxxxxx 或颜色名称	表格或单元格的边框颜色
bgcolor	文本内容	表格、行或单元格的背景颜色
background	图像地址	表格背景图像
cellspacing	像素值或百分比	单元格间距
cellpadding	像素值或百分比	单元格边距
align	left、center 或 right	表格或单元格水平对齐方式
valign	top、middle、bottom 或 baseline	单元格内容的垂直对齐方式
colspan	数字	单元格跨越几列
rowspan	数字	单元格跨越几行

(8) 表单<form>标签。在 HTML 里，可以使用<form>和</form>标签来创建表单，即定义表单的开始和结束，在<form>和</form>之间的内容都属于表单的内容。

① 表单的常用属性如表 7-5 所示。

表 7-5 表单的常用属性

属性	值	描述
name	文本	表单名称
method	post 或 get	表单发送方式
action	URL 地址	规定表单向何处发送表单数据
ectype	application/x-www-form-urlencoded、multipart/form-data 或 text/plain	规定在发送表单数据之前如何对其进行编码
target	_blank、_self、_parent、_top 或 framename	规定在何处打开 action URL

② 表单的信息输入<input>标签,其属性如表 7-6 所示。

表 7-6 <input>标签的属性

属性	值	描述
name	文本	定义控件名称
type	text、password、file、checkbox、radio、button、submit 或 reset	定义控件类型(文本框、密码框、文件域、复选框、单选按钮、标准按钮、提交按钮、重置按钮)

(9) 框架。在网页文件中，框架常用于网页的布局，框架是一种能在一个网页中显示多个网页的技术，通过超链接可以为框架页面之间建立联系，从而实现页面导航的功能。框架的基本结构分为框架集和框架两个部分。在框架集中通过 cols 属性和 rows 属性分别设置网页的左右或者上下分割。

① 左右分割网页——cols 属性。

```
<frameset cols="*,*">
    <frame src="url">
    <frame src="url">
    ……
</frameset>
```

在 html 文档中使用 cols 属性在框架集中设置网页的左右分割，分割方式 cols 的属性值可以是百分比，也可以是具体的像素值。

② 上下分割网页——rows 属性。

```
<frameset rows="*,*">
    <frame src="url">
    <frame src="url">
    ……
</frameset>
```

在 html 文档中使用 rows 属性在框架集中设置网页的上下分割，分割方式 rows 的属性值可以是百分比，也可以是具体的像素值。

③ 框架<frame>的常用属性如表 7-7 所示。

表 7-7 框架<frame>的常用属性

属性	值	描述
name	文本	定义框架的名称，是超链接 target 属性所需要的参数
src	url	规定在框架中显示的文档的 url
bordercolor	rgb(x,x,x)、#xxxxxx 或颜色名称	框架的边框颜色
frameborder	0 或 1	规定是否显示框架周围的边框
border	像素值	边框粗细
noresize	noresize 或省略	规定是否可以调整框架的大小
scorling	yes、no 或 auto	设置是否有滚动条出现，有、没有或者自动
marginwidth	像素值	框架的左侧和右侧的边距
marginheight	像素值	定义框架的上方和下方的边距
width	像素值	框架窗口的宽度
height	像素值	框架窗口的高度

(10) 内嵌框架。也叫浮动框架，是在浏览器窗口中嵌入子窗口，即将一个文档(网页)嵌入到该页面中显示，基本语法如下：

<iframe src="url"></iframe>

内嵌框架<iframe>的常用属性如表 7-8 所示。

表 7-8 内嵌框架<iframe>的常用属性

属性	值	描述
name	文本	内嵌框架的名称，是超链接 target 属性所需要的参数
src	url	规定在框架中显示的文档的 url
width	像素值	框架窗口的宽度
height	像素值	框架窗口的高度

2) CSS层叠样式表

通过 CSS 的使用，可以设置网页中文字的大小、颜色以及图片位置的格式，可以实现网页内容和定义格式两部分的相互分离，使网页设计人员能够对网页的布局施加更多的控制。在 HTML 文件中引用多个定义样式文件(CSS 文件)时，若多个样式文件间所定义的样式发生冲突，将依据层次处理。

(1) CSS 样式表的基本规则。

选择符{属性 1：值 1；属性 2：值 2；…}

其中，选择符是一个需要设置 CSS 样式规则的 HTML 对象。可以同时为多个选择符定制相同的样式规则。花括号中所包含的就是属性，它用于定义实际的样式，每个属性包括两部分：属性名和属性值。同时可以为一个或多个属性设置样式，多个属性之间用分号";"分隔。

(2) CSS 样式表的声明方法。

① 行间样式表。行间样式表是指可以直接在 HTML 代码行中加入样式规则。使用这种方法定义样式时，效果只可以控制当前标签，基本语法如下：

    <标签名称 style="样式属性：属性值；样式属性：属性值；…">

② 内部样式表。内部样式表是将所有的样式表信息都列于 HTML 文档的头部，基本语法如下：

```
<html>
    <head>
        <style type="text/css">
            选择符 1{样式属性：属性值；样式属性：属性值；…}
            选择符 2{样式属性：属性值；样式属性：属性值；…}
            ……
            选择符 n{样式属性：属性值；样式属性：属性值；…}
        </style>
    </head>
    <body>...</body>
</html>
```

③ 外部样式表。外部样式表的使用方法是：创建一个外部的 CSS 文件，不使用<style>规则，而是在 HTML 文档头部使用<link>标签，链接外部 CSS 文件。基本语法如下：

```
<head>
    <title>外部样式表</title>
    <link rel=stylesheet href="*.css" type="text/css">
</head>
```

④ 输入样式表。输入样式表的方法同链接到外部样式表文件类似，在样式表的<style>区域使用@import 语句做声明，引用一个外部的样式表文件。基本语法如下：

```
<style type="text/css">
    @import url(*.css);
</style>
```

样式表的优先级：行间样式>内部样式>外部样式(输入样式表)>浏览器缺省设置

(3) 常用的 CSS 选择符。

① 标签名选择符。最常见的 CSS 选择符，是使用 HTML 标签作为选择对象。对这一类型标签，全部赋予层叠样式。

格式：标签名 { }

② 类选择符。对使用 class 属性的 HTML 标签，作为选择对象。

格式：.类名 { }

③ id 选择符。对使用 id 属性的 HTML 标签，作为选择对象。

格式：#id 名 { }

④ 属性选择符。将包含此属性的所有标签，作为选择对象。

格式：[属性] { }

3) JavaScript

JavaScript 是一种脚本编程语言，使用 JavaScript 可以编写出实用的交互式网页。

(1) JavaScript 嵌入 HTML 的方法。

① 放置在由<script>标签的 src 属性指定的外部文件中。

② 放置在标签对<script></script>之间。

③ 放置在事件处理程序中。

④ 作为 URL 的主体，这个 URL 使用特殊的"JavaScript"协议。

(2) JavaScript 的事件。为页面元素指定事件处理程序的语法格式：

　　onEvent="JavaScript 代码"

　　onEvent="事件处理函数"

其中：Event 为事件名，如 load(页面加载)、mouseover(鼠标移过)、click(鼠标单击)等。

(3) JavaScript 的对象。JavaScript 的对象由属性和方法两个基本元素组成。属性是用来描述对象特性的一组数据，方法是用来操纵对象的相关动作。

常用的内置对象有 Math、Number、Date、String、Array 等；常用的浏览器对象有 Window、Navigator、Screen、Location、History、Document 等。

2. 技能点

使用 HTML+CSS+JavaScript 技术设计网页的实验主要包括四大方面：网站开发基础及 HTML 的基本结构、HTML 常用文字格式及布局标签、使用 CSS 控制网页样式、使用 JavaScript 设计简单的交互式网页。涉及的基本技能点有：

(1) 网站开发基础及 HTML 的基本结构。

① 网页的新建、浏览、关闭、保存等基本操作。

② HTML 的基本结构。

③ HTML 常用文字格式标签、列表标签、图像标签。

(2) HTML 布局标签。

① 超级链接标签和表格标签。

② 表单标签和框架标签。

(3) 使用 CSS 控制网页样式。

① CSS 样式表的基本结构。

② CSS 样式表的声明方法。

③ 常用的 CSS 选择符。

④ CSS 常用属性。

(4) 使用 JavaScript 设计简单交互式网页。
① JavaScript 嵌入 HTML 的方法。
② JavaScript 的事件。
③ JavaScript 的对象。

7.2 HTML 语法基础及基本标签

1. 实验目的

(1) 了解网站开发的常用工具，掌握网页的基本概念。
(2) 掌握使用 HTML 新建网页、保存网页，使用浏览器浏览网页的方法。
(3) 掌握 HTML 的基本结构、基本标签及属性设置。
(4) 掌握文字格式标签、水平线标签和列表标签的使用。

2. 实验环境

(1) 硬件：微型计算机。
(2) 软件：Windows 7 操作系统、浏览器、记事本等。

3. 实验内容

1) 新建文件夹并复制素材

在桌面上新建一个文件夹，命名为自己的学号后两位+姓名，以下的 html 文件均保存到该文件夹中，同时将素材文件夹中的"img"和"txt"文件夹复制到自己的文件夹中。

2) 设计"hxzg.html"网页

使用"txt"文件夹中的"运城简介"的文字素材，按以下要求设计网页，完成后保存并浏览该网页。

(1) 打开记事本，新建一个文件，命名为：hxzg.html。
(2) 使用<title>标签设置网页标题栏的标题为：华夏之根。
(3) 使用<h2>标签设置"大美运城"为网页标题，使用<font>标签设置为红色、黑体的文字格式。
(4) 使用<hr>标签在标题下方添加一条红色、高度为 3px、宽度为 100%的水平线。
(5) 使用<p>标签对网页内容进行分段划分。
(6) 使用
标签在段落的合适位置换行。
(7) 使用 在每个段首设置空格。
(8) 使用<body>标签的 bgcolor 属性设置网页背景颜色为：aquamarine。
(9) 使用<font>标签将正文第一段中的"运城市"三个字设置为红色，将"河东"两个字设置为红色、加粗、倾斜的文字格式；将第二段的最后一句"2000 年 6 月，经国务院批准，撤运城地区设运城市。"设置为红色、加粗、加下划线的文字格式；将第三段最后一句

"驰名中外的有武庙之祖解州关帝庙……夏县司马光墓等。"设置为红色、加粗、倾斜的文字格式。

(10) 使用<hr>标签在网页内容下方添加一条红色、高度为 3px、宽度为 100%的水平线。

3) 插入图片

在网页中插入图片，完成后保存并浏览该网页。

(1) 打开记事本，新建一个文件，命名为：top.html，并设置网页的背景色为：#A6FFA6。

(2) 使用<img>标签将"img"文件夹中的"logo.gif"图片插入到网页中。

4) 设计目录网页

设计目录网页，完成后保存并浏览该网页。

(1) 打开记事本，新建一个文件，命名为：pjs.html，并设置网页的背景色为：darkturquoise。

(2) 使用<title>标签设置网页标题栏的标题为：普救寺。

(3) 使用<h1>标签设置"普救寺"为网页标题，居中显示。

(4) 使用<font>标签及<b>标签设置"目录"为 5 号，加粗的文字格式。

(5) 使用有序列表标签和无序列表标签设置目录，效果如素材文件夹中的"效果图 1.jpg"所示。

4. 实验步骤

1) 新建文件夹并复制素材

在桌面上新建一个文件夹，命名为自己的学号后两位+姓名，以下的 html 文件均保存到该文件夹中，同时将素材文件夹中的"img"和"txt"文件夹复制到自己的文件夹中。

2) 设计"hxzg.html"网页

使用"txt"文件夹中的"运城简介"的文字素材，按以下要求设计网页，完成后保存并浏览该网页。

(1) 打开记事本，新建一个文件，命名为：hxzg.html。

打开记事本，按以下格式输入代码：

```
<!DOCTYPE html>
<html>
    <head>
        <meta charset="UTF-8">
    </head>
    <body >
    </body>
</html>
```

保存文件，文件命名为：hxzg.html，使用 IE 浏览器浏览该网页文件。

(2) 使用<title>标签设置网页标题栏的标题为：华夏之根。

在代码中的<head>标签内部，<meta>标签的下方输入以下代码：

  <title>华夏之根</title>

(3) 使用<h2>标签设置"大美运城"为网页标题，使用<font>标签设置为红色、黑体的文字格式。

在<body>标签下方输入以下代码：

  <h2><font color="red" face="黑体">大美运城</font></h2>

(4) 使用<hr>标签在标题下方添加一条红色、高度为3px、宽度为100%的水平线。

在<h2>……</h2>标签下方输入以下代码：

  <hr color="red"size="3px"width="100%"/>

(5) 使用<p>标签对网页内容进行分段划分。

参照"txt"文件夹中的"运城简介.txt"的分段位置，使用以下代码在<hr>标签的下方输入内容并分段：

<p>运城市古称河东，…… 人均耕地2.15亩。</p>

<p>运城市历史悠久，…… 撤运城地区设运城市。</p>

<p>运城市人文荟萃，…… 夏县司马光墓等。</p>

<p>运城市地势平坦，…… 国家级重点龙头企业。</p>

(6) 使用
标签在段落的合适位置换行。

依据IE浏览器预览效果，在步骤(5)分好的段落中，为每段的合适位置输入
标签，实现分行效果。

(7) 使用 在每个段首设置空格。

依次在每个<p>标签与段首文字之间输入5个" "，达到段首空格的效果，如：

<p>   运城市古称河东，…人均耕地2.15亩。</p>

<p>   运城市历史悠久，…撤运城地区设运城市。</p>

<p>   运城市人文荟萃，…夏县司马光墓等。</p>

<p>   运城市地势平坦，…国家级重点龙头企业。</p>

(8) 使用<body>标签的bgcolor属性设置网页背景颜色为：aquamarine。

在<body>标签中进行属性设置：

  <body bgcolor="aquamarine">

(9) 使用<font>标签将正文第一段中的"运城市"三个字设置为红色，将"河东"两个字设置为红色、加粗、倾斜的文字格式；将第二段的最后一句"2000年6月，经国务院批准，撤运城地区设运城市。"设置为红色、加粗、加下划线的文字格式；将第三段最后一句"驰名中外的有武庙之祖解州关帝庙……夏县司马光墓等。"设置为红色、加粗、倾斜的文字格式。

在第一段的"运城市"三个字前后输入以下代码：

  <font color="red">运城市</font>

在第一段的"河东"两个字前后输入以下代码：

  <font color="red"><b><i>河东</i></b></font>

在第二段的最后一句"2000年6月……设运城市。"前后输入以下代码：

    `<font color="red"><u><b>`2000 年 6 月，……设运城市。`</b></u></font>`

在第三段最后一句"驰名中外……夏县司马光墓等。"的前后输入以下代码：

    `<font color="red"><b><i>`驰名中外……司马光墓等`</i></b></font>`

(10) 使用`<hr>`标签在网页内容下方添加一条红色、高度为 3px、宽度为 100%的水平线。

    `<hr color="red"size="3px"width="100%"/>`

保存文件，使用 IE 浏览器浏览网页。

3) 插入图片

在网页中插入图片，完成后保存并浏览该网页。

(1) 打开记事本，新建一个文件，命名为：top.html，并设置网页的背景色为：#A6FFA6。

打开记事本，按以下格式输入代码：

  `<!DOCTYPE html>`

  `<html>`

    `<head>`

      `<meta charset="UTF-8">`

      `<title></title>`

    `</head>`

    `<body bgcolor="#A6FFA6">`

    `</body>`

  `</html>`

保存文件，文件命名为：top.html，使用 IE 浏览器浏览该网页文件。

(2) 使用`<img>`标签将"img"文件夹中的"logo.gif"图片插入到网页中。

在`<body>`与`</body>`标签之间，输入以下代码：

    `<img src="img/logo.gif">`

保存文件，使用 IE 浏览器浏览网页。

4) 设计目录网页

设计目录网页，完成后保存并浏览该网页。

(1) 打开记事本,新建一个文件,命名为：pjs.html，并设置网页的背景色为：darkturquoise。

打开记事本，按以下格式输入代码：

  `<!DOCTYPE html>`

  `<html>`

    `<head>`

      `<meta charset="UTF-8">`

    `</head>`

    `<body bgcolor="darkturquoise">`

    `</body>`

  `</html>`

保存文件，文件命名为：pjs.html，使用 IE 浏览器浏览该网页文件。

(2) 使用<title>标签设置网页标题栏的标题为：普救寺。

在< meta >标签下方输入以下代码：

    <title>普救寺</title>

(3) 使用<h1>标签设置"普救寺"为网页标题，居中显示。

在<body>标签下方输入以下代码：

    <h1 align="center">普救寺</h1>

(4) 使用<font>标签及<b>标签设置"目录"为 5 号，加粗的文字格式。

在<h1>……</h1>标签下方输入以下代码：

    <font size="5"><b>目录</b></font>

(5) 使用<ol>有序列表标签和<ul>无序列表标签设置目录，效果如素材文件夹中的"效果图 1.jpg"所示。

在<font>…… </font>标签下方输入以下代码：

```
<ol>
    <b><li>景区简介</li></b>
    <b><li>建筑风格</li></b>
    <b><li>主要景点</li></b>
    <ul>
        <li>同心大锁</li>
        <li>大钟楼</li>
        <li>莺莺塔</li>
    </ul>
</ol>
```

保存文件，文件命名为：pjs.html，使用 IE 浏览器浏览该网页文件。

5. 实验思考

(1) 常用的网站开发工具有哪些？
(2) 常用的网页浏览器有哪些？
(3) 使用 HTML 设计网页时，通常将网页的正文写在什么标签中？
(4) 如何为同一个标签设置多个属性？
(5) HTML 中的<p>标签和
标签有什么区别？

7.3 表格与框架设计

1. 实验目的

(1) 掌握超链接标签的应用。

(2) 掌握表格标签的应用。
(3) 了解表单的设计和应用。
(4) 掌握框架的设计和应用。

2. 实验环境

(1) 硬件：微型计算机。
(2) 软件：Windows 7 操作系统、浏览器、记事本等。

3. 实验内容

1) 新建文件夹

在桌面上新建一个文件夹，命名为自己的学号后两位+姓名，以下文件均保存到该文件夹中。

2) 复制素材并设计网页

复制素材文件夹下的"hxzg.html"、"pjs.html"和"top.html"三个网页文件以及"img"文件夹到自己的文件夹中，按照下列要求设计网页。

(1) 插入表格。

① 用记事本打开"hxzg.html"网页，在文字下方使用<table>标签插入一个2行2列的表格，表格宽度为1000px，高度为400px，居中对齐。

② 将<img>文件夹中的"gg.jpg"、"gql.jpg"、"nfgc2.jpg"和"xhy.jpg"四张图片依次插入到表格的四个单元格中。设置行高为200px，单元格宽度为500px，并使用<img>标签的alt属性为每个图片设置相应的提示文字（当图片不能正常显示时，图片位置显示提示文字），分别为"关公"、"鹳雀楼"、"南风广场"和"西花园"，保存并浏览网页。

③ 用记事本打开"top.html"，使用<table>标签在图片"logo.jpg"的下方插入一个1行5列的表格，表格无边框，单元格内容如素材文件夹中的"效果图2.jpg"所示。

④ 设置表格宽度为100%。

⑤ 设置单元格内容对齐方式为水平居中。

⑥ 使用超级链接<a>标签，为第一个单元格设置超级链接，链接位置为当前文件夹中的"hxzg.html"页面。

⑦ 完成后保存并浏览该网页。

(2) 修改表格结构。

① 打开记事本，新建一个文件，命名为：left.html。

② 设置网页的背景色为#C4E1FF。

③ 使用<table>标签设计一个11行2列的表格，表格高度为600px，宽度为165px，边框为1px，每行行高为30px，内容水平居中对齐。第一行为表头，两个单元格内容依次为：景点类型和景点名称。

④ 使用单元格的"rowspan"属性设置第2行第1个单元格跨越6列，设置第8行第1个单元格跨越4列。

⑤ 设置表格中单元格内容如素材文件夹中的"效果图 3.jpg"所示。

⑥ 使用<a>标签为内容为"普救寺"的单元格设置超级链接,链接位置为本文件夹中的"pjs.html"页面,将其"target"属性设置为"mainframe"。

⑦ 完成后保存并浏览该网页。

(3) 框架设计。

① 打开记事本,新建一个文件,命名为:index.html。

② 在<head>标签中使用<title>标签设置网页标题栏名称为"大美运城"。

③ 使用框架集<frameset>标签,创建一个上下分割的框架,上框架占 32%,不能调整窗口大小;上框架的"name"属性为"topframe",显示的网页为本文件夹中的"top.html"。

④ 使用框架集<frameset>标签将下框架分割成一个左右结构的框架集,左框架占 15%,可以调整窗口大小;左框架的"name"属性为"leftframe",显示的网页为本文件夹中的"left.html"。右框架的"name"属性为"mainframe",显示的网页为本文件夹中的"hxzg.html"。

⑤ 完成后保存并浏览该网页。

(4) 表单设计。

① 打开记事本,新建一个文件,命名为:ykyj.html。

② 在<head>标签中使用<title>标签设置网页标题栏名称为"游客意见调查"。

③ 在网页上方使用<h3>标签设置网页标题为"游客意见调查",居中显示。

④ 使用<hr>标签在标题下方插入一条水平线,颜色设置为"red"。

⑤ 使用<form>标签新建一个表单,表单的发送方式为"post"。

⑥ 在表单中使用<table>标签设计一个 6 行 2 列的表格,无边框。

⑦ 使用表单的信息输入标签<input>为各个单元格添加如素材文件夹中的"效果图 4.jpg"所示的内容。

⑧ 打开"top.html",使用超级链接<a>标签,为单元格"游客意见"设置超级链接,链接位置为当前文件夹中的"ykyj.html"页面,target 属性为"_blank"。

⑨ 完成后保存并浏览该网页。

(5) 内嵌框架设计。

① 打开记事本,新建一个文件,命名为:ykyj2.html。

② 在<body>标签中使用<iframe>标签设计一个内嵌框架。

③ 使用 src 属性为内嵌框架指定显示"ykyj.html"的网页内容。

④ 设置内嵌框架的高度为 400px,宽度为 500px,保存并浏览网页。

⑤ 打开"top.html",将单元格"游客意见"的超链接位置修改为当前文件夹中的"ykyj2.html"页面,target 属性为"_blank"。

4. 实验步骤

1) 新建文件夹

在桌面上新建一个文件夹,命名为自己的学号后两位+姓名,以下文件均保存到该文件夹中。

2) 复制素材并设计网页

复制素材文件夹下的"hxzg.html"、"pjs.html"和"top.html"三个网页文件以及"img"文件夹到自己的文件夹中,按照下列要求设计网页。

(1) 插入表格。

① 用记事本打开"hxzg.html"网页,在文字下方使用<table>标签插入一个2行2列的表格,表格宽度为1000px,高度为400px,居中对齐。

用记事本打开"hxzg.html"网页,在最后一对<p>和</p>下方输入以下代码:

```
<table align="center"width="1000px"height="400px">
    <tr >
        <td ></td>
        <td></td>
    </tr>
    <tr>
        <td></td>
        <td></td>
    </tr>
</table>
```

② 将<img>文件夹中的"gg.jpg"、"gql.jpg"、"nfgc2.jpg"和"xhy.jpg"四张图片依次插入到表格的四个单元格中。设置行高为200px,单元格宽度为500px,并使用<img>标签的alt属性为每个图片设置相应的提示文字(当图片不能正常显示时,图片位置显示提示文字),分别为"关公"、"鹳雀楼"、"南风广场"和"西花园",保存并浏览网页。

修改步骤①的代码:

```
<table align="center" width="1000px" height="400px">
    <tr height="200px">
        <td width="500px"><img src="img/nfgc2.jpg" alt="南风广场"></td>
        <td><img src="img/xhy.jpg" alt="西花园"></td>
    </tr>
    <tr>
        <td><img src="img/gg.jpg" alt="关公"></td>
        <td><img src="img/gql.jpg" alt="鹳雀楼"></td>
    </tr>
</table>
```

保存并浏览网页。

③ 用记事本打开"top.html",使用<table>标签在图片"logo.jpg"的下方插入一个1行5列的表格,表格无边框,单元格内容如素材文件夹中的"效果图2.jpg"所示。

用记事本打开"top.html",在<img>标签下方输入以下代码:

```
<table >
    <tr >
        <td>华夏之根</td>
        <td>诚信之邦</td>
        <td>关公故里</td>
        <td>大运之城</td>
        <td>游客意见</td>
    </tr>
</table>
```

④ 设置表格宽度为 100%。

对<table>标签设置以下属性：

  width="100%"

⑤ 设置单元格内容对齐方式为水平居中。

对<tr>标签设置以下属性：

  align="center"

⑥ 使用超级链接<a>标签，为第一个单元格设置超级链接，链接位置为当前文件夹中的"hxzg.html"页面。

在第一个单元格内容"华夏之根"的前后输入以下代码：

  <a href="hxzg.html">华夏之根</a>

⑦ 完成后保存并浏览该网页。

(2) 修改表格结构。

① 打开记事本，新建一个文件，命名为：left.html。

打开记事本，按以下格式输入代码：

```
<!DOCTYPE html>
<html>
    <head>
        <meta charset="UTF-8">
        <title></title>
    </head>
    <body >
    </body>
</html>
```

保存文件，文件命名为：left.html，使用 IE 浏览器浏览该网页文件。

② 设置网页的背景色为#C4E1FF。

对<body>标签设置以下属性：

  bgcolor="#C4E1FF"

③ 使用<table>标签设计一个 11 行 2 列的表格，表格高度为 600px，宽度为 165px，边

框为 1px，每行行高为 30px，内容水平居中对齐。第一行为表头，两个单元格内容依次为：景点类型和景点名称。

在<body>标签下方输入以下代码：

```
<table height="600px"width="165px"border="1px">
    <tr height="30px" align="center">
        <th>景点类型</th>
        <th>景点名称</th>
    </tr>
    <tr align="center">
        <td ></td>
        <td ></td>
    </tr>
    <tr align="center">
    <td ></td>
    <td ></td>
    </tr>
    <tr align="center">
        <td ></td>
        <td ></td>
    </tr>
    <tr align="center">
        <td ></td>
        <td ></td>
    </tr>
    <tr align="center">
        <td ></td>
        <td ></td>
    </tr>
    <tr align="center">
        <td ></td>
        <td ></td>
    </tr>
    <tr align="center">
        <td ></td>
        <td ></td>
    </tr>
    <tr align="center">
```

```
                    <td ></td>
                    <td ></td>
                </tr>
                <tr align="center">
                    <td ></td>
                    <td ></td>
                </tr>
                <tr align="center">
                    <td></td>
                    <td ></td>
                </tr>
            </table>
```

④ 使用单元格的"rowspan"属性设置第 2 行第 1 个单元格跨越 6 列，设置第 8 行第 1 个单元格跨越 4 列。

对第二个<tr>标签下的第 1 个<td>标签设置以下属性：

rowspan="6"

然后依次删除第 3、4、5、6、7 个 <tr>标签下的一对<td>......</td>标签。

对第八个<tr>标签下的第 1 个<td>标签设置以下属性：

rowspan="4"

然后依次删除第 9、10、11 个 <tr>标签下的一对<td>......</td>标签。

⑤ 设置表格中单元格内容如素材文件夹中的"效果图 3.jpg"所示。

参照"效果图 3.jpg"，使用以下代码为表格添加内容：

```
            <table height="600px" width="165px"border="1px">
                <tr height="30px" align="center">
                    <th>景点类型</th>
                    <th>景点名称</th>
                </tr>
                <tr align="center">
                    <td rowspan="6">人文景观</td>
                    <td align="center">关帝庙</td>
                </tr>
                <tr align="center">
                    <td>普救寺</td>
                </tr>
                <tr align="center">
                    <td>永乐宫</td>
                </tr>
```

```
            <tr align="center">
                <td>鹳雀楼</td>
            </tr>
            <tr align="center">
                <td>舜帝陵</td>
            </tr>
            <tr align="center">
                <td>李家大院</td>
            </tr>
            <tr>
                <td rowspan="4">自然景观</td>
                <td align="center">五老峰</td>
            </tr>
            <tr align="center">
                <td>死海</td>
            </tr>
            <tr align="center">
                <td>历山</td>
            </tr>
            <tr align="center">
                <td>圣天湖</td>
            </tr>
        </table>
```

⑥ 使用<a>标签为内容为"普救寺"的单元格设置超级链接，链接位置为本文件夹中的"pjs.html"页面，将其"target"属性设置为"mainframe"。

在第三个<tr>标签下的第一个<td>标签的"普救寺"前后输入以下代码：

`<a href="pjs.html" target="mainframe">普救寺</a>`

⑦ 完成后保存并浏览该网页。

(3) 框架设计。

① 打开记事本，新建一个文件，命名为：index.html。

打开记事本，按以下格式输入代码：

```
<!DOCTYPE html>
<html>
    <head>
        <meta charset="UTF-8" />
    </head>
<body>
```

</body>

</html>

保存文件，文件命名为：index.html，使用 IE 浏览器浏览该网页文件。

② 在<head>标签中使用<title>标签设置网页标题栏名称为"大美运城"。

在<meta>标签下方输入以下代码：

<title>大美运城</title>

③ 使用框架集<frameset>标签，创建一个上下分割的框架，上框架占 32%，不能调整窗口大小；上框架的"name"属性为"topfram"，显示的网页为本文件夹中的"top.html"。

将代码中<body>和</body>标签更改为<frameset>和</frameset>标签，同时在<frameset>和</frameset>标签之间输入以下代码：

<frameset rows="32%,*">

 <frame name="topfram" src="top.html" noresize/>

 <frame>

</frameset>

④ 使用框架集<frameset>标签将下框架分割成一个左右结构的框架集，左框架占 15%，可以调整窗口大小；左框架的"name"属性为"leftfram"，显示的网页为本文件夹中的"left.html"。右框架的"name"属性为"mainfram"，显示的网页为本文件夹中的"hxzg.html"。

将代码中的第二个<frame>标签换成以下代码：

<frameset cols="15%,*">

 <frame name="leftfram" src="left.html">

 <frame name="mainfram" src="hxzg.html">

</frameset>

⑤ 完成后保存并浏览该网页。

(4) 表单设计。

① 打开记事本，新建一个文件，命名为：ykyj.html。

打开记事本，按以下格式输入代码：

<!DOCTYPE html>

<html>

 <head>

  <meta charset="UTF-8" />

 </head>

<body>

</body>

</html>

保存文件，文件命名为：ykyj.html，使用 IE 浏览器浏览该网页文件。

② 在<head>标签中使用<title>标签设置网页标题栏名称为"游客意见调查"。

在<meta>标签下方输入以下代码：

<title>游客意见调查</title>

③ 在网页上方使用<h3>标签设置网页标题为"游客意见调查",居中显示。

在<body>标签下方输入以下代码:

<h3 align="center"> 游客意见调查</h3>

④ 使用<hr>标签在标题下方插入一条水平线,颜色设置为"red"。

在<h3>标签下方输入以下代码:

<hr align="center"color="red"/>

⑤ 使用<form>标签新建一个表单,表单的发送方式为"post"。

在<hr>标签下方输入以下代码:

<form action=""method="post">

</form>

⑥ 在表单中使用<table>标签设计一个 6 行 2 列的表格,无边框。

在<form>和</form>标签之间输入以下代码:

```
<table>
    <tr><td></td><td></td></tr>
    <tr><td></td><td></td></tr>
    <tr><td></td><td></td></tr>
    <tr><td></td><td></td></tr>
    <tr><td></td><td></td></tr>
    <tr><td></td><td></td></tr>
</table>
```

⑦ 使用表单的信息输入标签<input>为各个单元格添加如素材文件夹中的"效果图 4.jpg"所示的内容。

使用以下代码为单元格添加内容和设置输入方式:

```
<table>
    <tr><td>游客昵称:</td><td><input type="text" name="user"></td></tr>
    <tr><td>输入密码:</td><td><input type="password" name="pass1" /></td></tr>
    <tr><td>选择性别:</td><td><input type="radio" name="sex" value="男">男   <input type="radio" name="sex" value="女">女</td></tr>
    <tr><td>喜欢的景点:</td><td><input type="checkbox" name="jd" value="人文" checked="checked">人文 <input type="checkbox" name="jd" value="自然" checked="checked">自然</td></tr>
    <tr><td>上传照片:</td><td><input type="file" name="pic" size="30"></td></tr>
    <tr><td>景点整改意见:</td><td><textarea name="yijian"></textarea></td></tr>
</table>
```

完成后保存并浏览该网页。

⑧ 打开"top.html",使用超级链接<a>标签,为单元格"游客意见"设置超级链接,

链接位置为当前文件夹中的"ykyj.html"页面，target 属性为"_blank"。

用记事本打开"top.html"文件，在"游客意见"前后添加以下代码：

    <a href="ykyj.html" target="_blank">游客意见</a>

⑨ 完成后保存并浏览该网页。

(5) 内嵌框架设计。

① 打开记事本，新建一个文件，命名为：ykyj2.html。

打开记事本，按以下格式输入代码：

<!DOCTYPE html>

<html>

  <head>

    <meta charset="UTF-8" />

  </head>

<body>

</body>

</html>

保存文件，文件命名为：ykyj2.html，使用 IE 浏览器浏览该网页文件。

② 在<body>标签中使用<iframe>标签设计一个内嵌框架。

在<body>标签下方输入以下代码：

    <iframe></iframe>

③ 使用 src 属性为内嵌框架指定显示"ykyj.html"的网页内容。

对<iframe>标签设置 src 属性：

    src="ykyj.html"

④ 设置内嵌框架的高度为 400px，宽度为 500px，保存并浏览网页。

对<iframe>标签设置 width 和 height 属性：

    width="500px" height="400px"

保存并浏览网页。

⑤ 打开"top.html"，将单元格"游客意见"的超链接位置修改为当前文件夹中的"ykyj2.html"页面，target 属性为"_blank"。

用记事本打开"top.html"文件，将"游客意见"前后的超链接代码修改为以下代码：

    <a href="ykyj2.html" target="_blank">游客意见</a>

保存并浏览网页。

5. 实验思考

(1) 在 HTML 中用什么标签设置网页字体、大小、颜色以及格式？

(2) 常用的布局标签有哪些？

(3) 超级链接"<a>"标签的"target"属性值都有哪些，具体代表了什么？

(4) 如何设置上下型或者左右型框架？

(5) 表格中合并单元格用什么属性设置？

7.4 CSS 基础

1. 实验目的

(1) 掌握 CSS 样式表的声明方法。
(2) 掌握常用 CSS 选择符的使用方法。
(3) 了解 CSS 样式的常用属性。

2. 实验环境

(1) 硬件：微型计算机。
(2) 软件：Windows 7 操作系统、浏览器、记事本等。

3. 实验内容

1) 新建文件夹

在桌面上新建一个文件夹，命名为自己的学号后两位+姓名，以下文件均保存到该文件夹中。

2) 复制素材并设计网页

复制素材文件夹下的"hxzg.html"、"pjs.html"和"top.html"三个网页文件以及"img"文件夹到自己的文件夹中，然后按照下面要求设计网页。

(1) 用记事本打开"hxzg.html"网页，使用内部样式表的标签名选择符方法，按以下要求为网页设计样式，完成后保存并浏览该网页。

① 设置网页的背景色为"aquamarine"，文字颜色为"chocolate"。
② 设置标题<h2>标签的字体颜色为"red"，文本对齐方式为居中。
③ 设置段落<p>标签的文本缩进为 0.8cm，文本行高度为 25px。

(2) 用记事本打开"pjs.html"网页，按以下要求为网页设计样式，完成后保存并浏览该网页。

① 在自己文件夹中新建名称为"CSS"的文件夹，在其中用记事本文件创建"pjs.css"的 CSS 样式文件，使用标签名选择符的方法，为网页设置文本颜色为"black"，背景颜色为"darkturquoise"，为水平线<hr>标签设置 hr{border:none;border-top:3px solid darkgoldenrod;}样式，保存并关闭文件。

② 打开"pjs.html"，使用外部样式表"pjs.css"的方式，对网页进行样式设置。

(3) 用记事本打开"pjs.html"网页，使用内部样式表的类选择符方法，按以下要求为网页设计样式，完成后保存并浏览该网页。

① 使用类名为"t1"类选择符，设置样式：字体大小"16px"，文本缩进"1cm"，文本行高"25px"，并将该样式应用到网页中的中文段落里。
② 使用类名为"t2"类选择符，设置样式：字体大小"30px"，文本颜色"red"，字体

粗细"bolder",文本居中对齐,并将该样式应用到内容为"普救寺"的<h1>标签中。

③ 使用类名为"t3"类选择符,设置样式:字体大小"25px",文本颜色"red",字体粗细"bolder",文本左对齐,并将该样式应用到<h2>标签中。

④ 使用类名为"t4"类选择符,设置样式:字体大小"20px",文本颜色"red",字体粗细"bolder",文本左对齐,并将该样式应用到"目录"下方的三个有序列表项中。

4. 实验步骤

1) 新建文件夹

在桌面上新建一个文件夹,命名为自己的学号后两位+姓名,以下文件均保存到该文件夹中。

2) 复制素材并设计网页

复制素材文件夹下的"hxzg.html"、"pjs.html"和"top.html"三个网页文件以及"img"文件夹到自己的文件夹中,然后按照下面要求设计网页。

(1) 用记事本打开"hxzg.html"网页,使用内部样式表的标签名选择符方法,按以下要求为网页设计样式,完成后保存并浏览该网页。

① 设置网页的背景色为"aquamarine",文字颜色为"chocolate"。

在<title>标签下方输入以下代码:

  <style type="text/css">
    html{background-color:aquamarine;color:chocolate ;}
  </style>

② 设置标题<h2>标签的字体颜色为"red",文本对齐方式为居中。

在步骤①的基础上,在 html 选择符的下方,输入以下代码:

  h2{color:red;text-align:center ;}

③ 设置段落<p>标签的文本缩进为 0.8cm,文本行高度为 25px。

继续在 h2 标签的下方输入以下代码:

  p{text-indent:0.8cm;line-height:25px;}

保存"hxzg.html"文件,并浏览网页。

(2) 用记事本打开"pjs.html"网页,按以下要求为网页设计样式,完成后保存并浏览该网页。

① 在自己文件夹中新建名称为"CSS"的文件夹,在其中用记事本文件创建"pjs.css"的 CSS 样式文件,使用标签名选择符的方法,为网页设置文本颜色为"black",背景颜色为"darkturquoise",为水平线<hr>标签设置 hr{border:none;border-top:3px solid darkgoldenrod;}样式,保存并关闭文件。

在指定位置创建名称为"CSS"的文件夹,打开记事本程序,输入以下代码:

  html{color:black;background-color:darkturquoise ;}
  hr{border:none;border-top:3px solid darkgoldenrod;}

保存文件,文件命名为"pjs.css"。

② 打开"pjs.html",使用外部样式表"pjs.css"的方式,对网页进行样式设置。

用记事本打开"pjs.html"文件,在<head>与</head>之间的<title>标签下方,输入以下代码:

    <linkhref="css\pjs.css" rel="stylesheet"type="text/css" charset="UTF-8"/>

保存并浏览网页。

(3) 用记事本打开"pjs.html"网页,使用内部样式表的类选择符方法,按以下要求为网页设计样式,完成后保存并浏览该网页。

① 使用类名为"t1"类选择符,设置样式:字体大小"16px",文本缩进"1cm",文本行高"25px",并将该样式应用到网页中的中文段落里。

② 使用类名为"t2"类选择符,设置样式:字体大小"30px",文本颜色"red",字体粗细"bolder",文本居中对齐,并将该样式应用到内容为"普救寺"的<h1>标签中。

③ 使用类名为"t3"类选择符,设置样式:字体大小"25px",文本颜色"red",字体粗细"bolder",文本左对齐,并将该样式应用到<h2>标签中。

④ 使用类名为"t4"类选择符,设置样式:字体大小"20px",文本颜色"red",字体粗细"bolder",文本左对齐,并将该样式应用到"目录"下方的三个有序列表项中。

用记事本打开"pjs.html"网页,在<head>与</head>之间<link>标签下方,输入以下代码:

  <style type="text/css">
    .t1{font-size: 16px;text-indent:1cm ;line-height:25px ;}
    .t2{font-size:30px;color:red;font-weight:bolder ;text-align:center ;}
    .t3{font-size:25px;color:red;font-weight:bolder ;text-align:left ;}
    .t4{font-size:20px;color:red;font-weight:bolder ;text-align:left ;}
  </style>

分别在每个中文段落的<p>标签或者<td>标签内输入以下的属性设置:

  class="t1"

在<body>与</body>之间的<h1>标签内输入以下的属性设置:

  class="t2"

在<body>与</body>之间的<h2>标签内输入以下的属性设置:

  class="t3"

在<body>与</body>之间的<ol>标签下方的三个无序列表项<li>标签中输入以下的属性设置:

  class="t4"

保存"pjs.html"文件,并浏览网页。

5. 实验思考

(1) CSS 样式表常用几种声明方法分别是什么?

(2) CSS 的常用选择符有几种,分别是什么?

(3) 使用 CSS 为选择符设置样式时,可以同时为一个选择符的多个属性设置样式,多个属性之间需要使用什么符号分割？

7.5　JavaScript 基础

1. 实验目的

(1) 了解 JavaScript 嵌入 HTML 的方法。

(2) 了解 JavaScript 的事件和对象

2. 实验环境

(1) 硬件：微型计算机。

(2) 软件：Windows 7 操作系统、浏览器、记事本等。

3. 实验内容

1) 新建文件夹

在桌面上新建一个文件夹，命名为自己的学号后两位+姓名，以下文件均保存到该文件夹中。

2) 复制素材并设计网页

复制素材文件夹下的"hxzg.html"、"pjs.html"、"top.html"、"left.html"和"index.html"网页文件以及"img"文件夹到自己的文件夹中，然后按照下面要求设计网页。

(1) 用记事本打开"top.html"网页，按以下要求为网页设计样式，完成后保存并浏览该网页。

(2) 使用<td>标签在"华夏之根"的单元格之前插入一个单元格，并使用 JavaScript 的内置对象 Date 获取系统时间。

(3) 使用 HTML 的<marquee>标签调用 JavaScript 的 onmousemove 和 onmouseout 事件，实现"华夏之根"、"诚信之邦"、"关公故里"、"大运之城"、"游客意见" 5 个单元格内容的向右滚动。

4. 实验步骤

1) 新建文件夹

在桌面上新建一个文件夹，命名为自己的学号后两位+姓名，以下文件均保存到该文件夹中。

2) 复制素材并设计网页

复制素材文件夹下的"hxzg.html"、"pjs.html"、"top.html"、"left.html"和"index.html"网页文件以及"img"文件夹到自己的文件夹中，然后按照下面要求设计网页。

(1) 用记事本打开"top.html"网页，按以下要求为网页设计样式，完成后保存并浏览该网页。

(2) 使用<td>标签在"华夏之根"的单元格之前插入一个单元格，并使用 JavaScript 的内置对象 Date 获取系统时间。

在<body>与</body>之间的<table>标签下方的<tr>标签下方输入以下代码：

```
<td>
    <script type="text/javascript">
        var myDay=new Date();
        var output;
        output=myDay.getHours()+":";
        output+=myDay.getMinutes()+":";
        output+=myDay.getSeconds();
        document.write("系统当前时间："+output);
    </script>
</td>
```

(3) 使用 HTML 的<marquee>标签调用 JavaScript 的 onmousemove 和 onmouseout 事件，实现"华夏之根"、"诚信之邦"、"关公故里"、"大运之城"、"游客意见"5 个单元格内容的向右滚动。

在步骤(2)的基础上，分别在在<body>与</body>之间的<table>标签下方的<tr>标签下方的第 2、3、4、5、6 个<td>标签的下方输入以下代码：

```
<marquee scrollamount="2"direction="right"hspace="2px"behavior="scroll" onmousemove=
    "this.stop()"onmouseout="this.start()">
```

同时在相应单元格内容后面输入</marquee>标签。

保存"top.html"文件，并浏览网页。

5. 实验思考

(1) 把 JavaScript 的脚本程序嵌入到 HTML，通常需要使用什么标签？

(2) HTML 中嵌入了 JavaScript 的脚本程序，用安全级别较高的浏览器浏览网页时会阻止该程序的运行，需要用户对提示的警告信息作出一个响应，如果想运行该程序，是否允许运行浏览器阻止的内容？

7.6 网站开发的综合应用

1. 实验目的

综合应用 HTML+CSS+JavaScript 设计网站。

2. 实验环境

(1) 硬件：微型计算机。

(2) 软件：Windows 7 操作系统、浏览器、记事本等。

3. 实验内容

1) 新建文件夹

在桌面上新建一个文件夹，命名为自己的学号后两位+姓名，以下文件均保存到该文件夹中。

2) 复制素材并设计网页

复制素材文件夹下的所有网页文件和文件夹到自己的文件夹中，按照以下要求设计网页。

(1) 使用"gdm"文件夹中的素材，新建"gdm.html"网页。

① 为网页设置合适的背景色。

② 使用<img>标签将素材文件夹下的"img\gdm\gdm.jpg"添加到网页的顶端，宽度为100%。

③ 使用<h2>标签分别将"解州关帝庙简介"和"解州关帝祖庙"设置为标题，左对齐。

④ 使用<p>标签分别为在两个标题下添加相应的文本介绍(文本素材在"txt"文件夹中)。

⑤ 使用<table>标签在页面下方插入一个2行6列的表格，表格居中无边框。在表格第1行的6个单元格中分别插入"gdm"文件夹中的"zmqj1.jpg"、"jyy1.jpg"、"cql.jpg"、"slb1.jpg"、"xsl1.jpg"和"cnd1.jpg"6张图片，第2行的6个单元格中分别输入相应的图片名称。

⑥ 完成后保存并浏览该网页。

(2) 打开"left.html"，使用<a>标签为"关帝庙"单元格设置超级链接，位置为本文件夹中的gdm.html，保存并浏览网页。

(3) 打开"pjs.html"网页文件，使用文件夹中提供的文本和图片素材，在项目列表下方分别使用表格添加"景区简介"、"建筑风格"、"主要景点"几项内容。"主要景点"包括"同心大锁"、"大钟楼"和"莺莺塔"。"莺莺塔"景点还包括了："普救蟾声"世界奇塔、唐风明制结构奇特和"蟾声"之谜首次揭开三部分内容，设计时注意单元格所跨列数。

设计效果参考 http://baike.baidu.com/link?url=WFsKW0CC9xg3qjpsbLJypLUUrc_FpcXy1-BVoGboJe6EdH-obzThvS2qdMORts60OHI1IpZ8deSbkk7yEsEW1w6H7T4OMPMh3XD2PE8REDBTWeR9SwHXWNCXBKrNH8。

(4) 按照以上方法，分别设计有关永乐宫、鹳雀楼、李家大院、舜帝陵、五老峰、死海、历山和圣天湖的网页，并实现超级链接。

(5) 使用CSS控制网页格式。

4. 实验步骤

1) 新建文件夹

在桌面上新建一个文件夹，命名为自己的学号后两位+姓名，以下文件均保存到该文件夹中。

2) 复制素材并设计网页

复制素材文件夹下的所有网页文件和文件夹到自己的文件夹中，按照以下要求设计网页。

(1) 使用"gdm"文件夹中的素材，新建"gdm.html"网页。

打开记事本，新建一个文件，命名为：gdm.html。

打开记事本，按以下格式输入代码：

```
<!DOCTYPE html>
<html>
    <head>
        <meta charset="UTF-8" />
        <title>关帝庙</title>
    </head>
    <body>
    </body>
</html>
```

① 为网页设置合适的背景色。

在<title>标签的下方输入以下代码：

```
<style type="text/css">
    html{background-color:rgb(208,128,128);}
</style>
```

② 使用<img>标签将素材文件夹下的"img\gdm\gdm.jpg"添加到网页的顶端，宽度为100%。

在<body>标签的下方输入以下代码：

```
<img src="img/gdm/gdm.jpg">
```

在<head>标签中插入<style>标签，输入以下代码：

```
.im1{width:100%;}
```

在<body>标签的下方第 1 个 img 标签的 src 属性后面增加属性设置：class="im1"

③ 使用<h2>标签分别将"解州关帝庙简介"和"解州关帝祖庙"设置为标题，左对齐。

在<img>标签下方输入以下代码：

```
<h2>解州关帝庙简介</h2>
<h2>解州关帝祖庙</h2>
```

同时在<style>标签下方输入以下代码：

```
h2{ text-align:left;}
```

④ 使用<p>标签分别为在两个标题下添加相应的文本介绍(文本素材在"txt"文件夹中)。

打开"txt"文件夹中的"解州关帝庙.txt"文件，依次将两段文字复制到<body>标签下方的两个<h2>标签下方。并使用<p>标签对文字进行段落划分,同时在每个<p>标签的后面输入四个" "。

⑤ 使用<table>标签在页面下方插入一个 2 行 6 列的表格,表格居中无边框。在表格第 1 行的 6 个单元格中分别插入"gdm"文件夹中的"zmqj1.jpg"、"jyy1.jpg"、"cql.jpg"、"slb1.jpg"、"xsl1.jpg"和"cnd1.jpg"6 张图片,第 2 行的 6 个单元格中分别输入相应的图片名称。

在最后一个<p>标签的下方输入以下代码:

```
<table align="center" border="0px">
    <tr>
        <td><img src="img/gdm/zmqj1.jpg" /></td>
        <td><img src="img/gdm/jyy1.jpg" /></td>
        <td><img src="img/gdm/cql.jpg" /></td>
        <td><img src="img/gdm/slb1.jpg"/></td>
        <td><img src="img/gdm/ysl1.jpg"/></td>
        <td><img src="img/gdm/cnd1.jpg" /></td>
    </tr>
    <tr align="center">
        <td>祖庙全景</td>
        <td >结义园</td>
        <td >春秋楼</td>
        <td >四龙壁</td>
        <td >御书楼</td>
        <td>崇宁殿</td>
    </tr>
</table>
```

⑥ 完成后保存并浏览该网页。

(2) 打开"left.html",使用<a>标签为"关帝庙"单元格设置超级链接,位置为本文件夹中的 gdm.html,保存并浏览网页。

用记事本打开"left.html"文件,为<table>标签中的第二个<tr>标签下方的"关帝庙"单元格内容前后输入以下代码:

```
<a href="gdm.html" target="mainfram">关帝庙</a>
```

(3) 打开"pjs.html"网页文件,使用文件夹中提供的文本和图片素材,在项目列表下方分别使用表格添加"景区简介"、"建筑风格"、"主要景点"几项内容。"主要景点"包括"同心大锁"、"大钟楼"和"莺莺塔"。"莺莺塔"景点还包括了:"普救蟾声"世界奇塔、唐风明制结构奇特和"蟾声"之谜首次揭开三部分内容,设计时注意单元格所跨列数。

设计效果参考 http://baike.baidu.com/link?url=WFsKW0CC9xg3qjpsbLJypLUUrc_FpcXy1-JBVoGboJe6EdH-obzThvS2qdMORts60OHI1IpZ8deSbkk7yEsEW1w6H7T4OMPMh3XD2PE8

REDBTWeR9SwHXWNCXBKrNH8。

(4) 按照以上方法，分别设计有关永乐宫、鹳雀楼、李家大院、舜帝陵、五老峰、死海、历山和圣天湖的网页，并实现超级链接。

(5) 使用 CSS 控制网页格式。

CSS 样式设计可参考步骤(1)中的样式设置。

5. 实验思考

(1) 使用 CSS 控制网页格式有什么好处？

(2) 在网页设计过程中 HTML、CSS、JavaScript 分别扮演什么角色？它们都分别以什么标签开始和结束？

(3) HTML 中段落格式和字符格式包括哪些选项？

第 8 章 多媒体技术简介

本章学习多媒体技术在图像和动画方面的基本应用。通过本章的学习,可以初步了解 Photoshop 图像处理软件和 Flash 动画制作软件的基本操作,对图像处理和动画制作有一个基本认识,为以后的学习奠定基础。

8.1 自主学习

1. 知识点

1) 多媒体的基本概念

(1) 媒体。在计算机信息处理领域中,媒体有两层含义:一是指传递信息的载体,如文本、图形、图像、动画、声音、视频等;二是指存储信息的实体,如磁盘、光盘、半导体存储器等。

(2) 多媒体。在计算机信息处理领域中,多媒体是指计算机与人进行交流的文本、图形、图像、动画、声音、视频等多种媒体信息。

(3) 多媒体技术。多媒体技术是利用计算机对文本、图形、图像、动画、声音、视频等多种信息综合处理、建立逻辑关系和人机交互作用的技术。多媒体技术主要有多样性、集成性、交互性、实时性和数字化等几个特点。

2) 图像基础知识

(1) 位图与矢量图。

① 位图(Bitmap):由描述图像的各个像素点的明暗强度与颜色位数集合组成。

② 矢量图(Vector):就是缩放不失真的图形格式,通过多个对象组合生成,对其中每一个对象的记录方式,都是以数学函数实现的。

(2) 图像的属性。

① 分辨率:在位图中,图像的分辨率是指单位长度上的像素数,习惯上用每英寸中的像素数来表示(即 pixels per inch,ppi)。

② 图像深度:指存储每个像素时用于表示颜色的二进制数字位数。

(3) 色彩的基本知识。

① 亮度：是光作用于人眼时所引起的明亮程度的感觉，它与被观察物体的发光强度有关。

② 色调：是当人眼看到一种或多种波长的光时所产生的彩色感觉，它反映颜色的种类，是决定颜色的基本特性，如红色、棕色就是指色调。

③ 饱和度：指颜色的纯度，即掺入白光的程度，或者说是颜色的深浅程度，对于同一色调的彩色光，饱和度越深，颜色越鲜明(或越纯)。

3) 动画

动画(Animation)是多幅按一定频率连续播放的静态图像。动画有逐帧动画、矢量动画和变形动画等几种类型。

逐帧动画是由多帧内容不同而又相互联系的画面，连续播放而形成的视觉效果。构成这种动画的基本单位是帧，人们在创作逐帧动画时需要将动画的每一帧描绘下来，然后将所有的帧排列并播放，工作量非常大。

矢量动画是一种纯粹的计算机动画形式。矢量动画可以对每个运动的物体分别进行设计，对每个对象的属性特征，如大小、形状、颜色等进行设置，然后由这些对象构成完整的动画画面。

变形动画是把一个物体从原来的形状改变成另一种形状，在改变过程中，把变形的参考点和颜色有序地重新排列，就形成了变形动画。变形动画适用于场景转换、特技处理等影视动画制作。

2. 技能点

多媒体技术的实验主要包括两大方面：图像的编辑和动画的制作。涉及的基本技能点有：

(1) Photoshop 图像处理软件。文件的建立、基本工具的使用、文字的输入、图层的应用、不同图片格式的保存等。

(2) Flash 动画制作软件。文档属性的设置、基本工具的使用、动画的生成等。

8.2 图像的编辑

1. 实验目的

(1) 熟悉 Photoshop 的工作环境。

(2) 掌握 Photoshop 文件的建立。

(3) 掌握 Photoshop 基本工具的使用。

(4) 掌握 Photoshop 文字的输入。

(5) 了解 Photoshop 图层的应用。

(6) 学会 Photoshop 不同图片格式的保存。

2. 实验环境

(1) 硬件：微型计算机。

(2) 软件：Windows 7 操作系统、Photoshop CS3 图像处理软件。

3. 实验内容

使用 Photoshop CS3 图像处理软件制作一张班级值周海报。

(1) 插入图片，并对图片进行处理。

(2) 输入班级、学号和姓名等信息。

4. 实验步骤

(1) 新建文件。启动 Photoshop 图像处理软件，单击"文件"菜单下的"新建"命令，打开"新建"对话框，设置宽度 30 厘米、高度 20 厘米，分辨率为 72 像素/英寸，背景内容为白色，如图 8-1 所示。

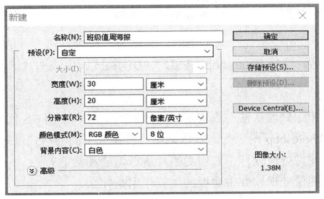

图 8-1　"新建"对话框

(2) 制作背景。单击"文件"菜单下的"打开"命令，打开需要的图片，使用工具箱中的移动工具，拖动打开的图片到背景，单击"编辑"菜单下的"自由变换"命令(或按 Ctrl+T 组合键)，拖动图片四周的控制点，使图片铺满背景。

(3) 处理图片。打开一张素材图片，使用移动工具把图片移动到背景中，单击"编辑"菜单下的"变换"命令，移动图片到合适位置，调整图片的大小并旋转，回车确认。使用相同的操作步骤，对其他图片进行处理，处理后的效果如图 8-2 所示。

图 8-2　图片处理后的效果

(4) 输入文字。使用文字工具 T ，在工具选项栏中调整好参数后，在图片相应位置单击，依次输入班级、学号、姓名等文字，最后单击"✓"确定，完成文字的输入，如图 8-3 所示。

图 8-3 输入文字

(5) 保存图片。单击"文件"菜单下的"存储为"命令，在打开的"存储为"对话框中输入要求的文件名，选择 Photoshop(*.PSD;*.PDD)格式，完成图片的保存。

5. 实验思考

(1) Photoshop 图像处理软件的版本是如何区别的？版本中的 CS 代表什么意思？
(2) 如何使用 Photoshop 图像处理软件把图片转换成不同的格式进行保存？
(3) Photoshop 图像处理软件中如何对图片进行缩放和裁剪？
(4) Photoshop 图像处理软件中面板的主要作用是什么？

8.3 动画的制作

1. 实验目的

(1) 熟悉 Flash 动画制作软件的工作环境。
(2) 掌握 Flash 时间轴的基本使用。
(3) 掌握 Flash 工具箱基本工具的使用。
(4) 学会 Flash 简单形状动画的制作。

2. 实验环境

(1) 硬件：微型计算机。
(2) 软件：Windows 7 操作系统、Flash CS6 动画制作软件。

3. 实验内容

使用 Flash CS6 动画制作软件制作一个椭圆变五角星的简单补间形状动画。
(1) 使用绘图工具绘制图形。

(2) 帧的使用。

(3) Flash 动画的生成。

4．实验步骤

(1) 新建文件。启动 Flash 动画制作软件，新建一个 ActionScript 3.0 文件，如图 8-4 所示。

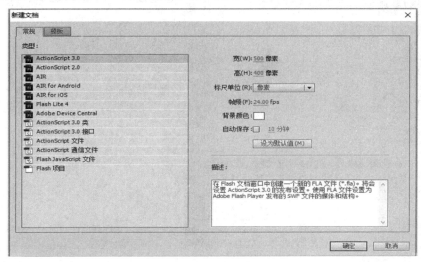

图 8-4　"新建文档"对话框

(2) 绘制椭圆。单击图层 1 的第 1 帧，在工具箱中选择"椭圆工具"，在属性面板上设置无笔触，填充颜色为蓝色，在舞台左侧拖动鼠标绘制一个椭圆，如图 8-5 所示。

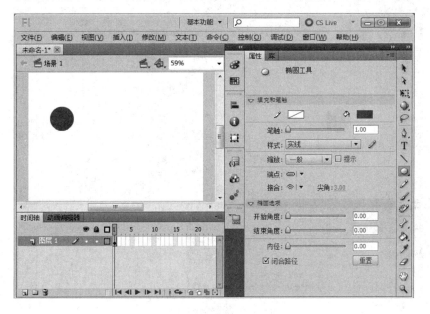

图 8-5　绘制椭圆

(3) 绘制五角星。右键单击图层 1 的第 60 帧，在弹出的快捷菜单中选择"插入空白关键帧"，在工具箱中选择"多角星形工具"，在属性面板上设置无笔触，填充颜色为红色，并单击"选项"按钮打开"工具设置"对话框,选择样式为"星形",单击"确定"按钮,在舞台右侧拖动鼠标绘制一五角星,如图 8-6 所示。

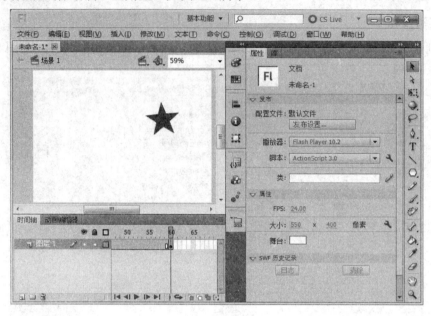

图 8-6　绘制五角星

(4) 创建动画。右键单击 1~60 帧中的任意一帧,在弹出的快捷菜单中选择"创建补间形状",如图 8-7 所示。

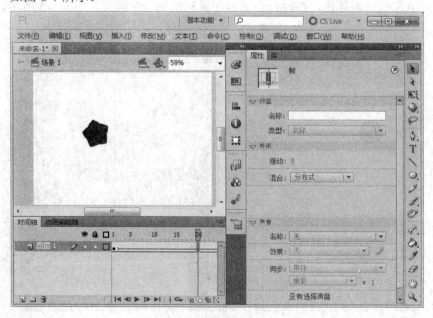

图 8-7　补间形状效果

(5) 测试动画。动画制作完成,按 Crtl+Enter 键测试动画效果。
(6) 保存动画。单击"文件"菜单下的"保存"命令,在打开的"另存为"对话框中,输入文件名为"椭圆变五角星.fla",文件类型选择"Flash CS6 文档(*.fla)",完成动画的保存。

(7) 发布动画。单击"文件"菜单下的"发布设置"命令,在打开的"发布设置"对话框中勾选"Flash(.swf)",如图 8-8 所示。设置完成后,单击"文件"菜单下的"发布"命令,将文件发布为.swf 格式的动画文件。

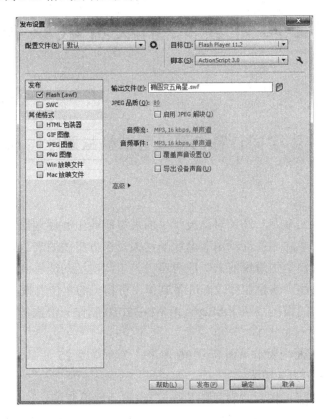

图 8-8 "发布设置"对话框

5. 实验思考

(1) 使用 Flash 动画制作软件生成的动画文件有几种格式?
(2) 使用 Flash 动画制作软件可以创建几维动画?
(3) 如何把一组图形组合成一个整体?

附录

全国计算机等级考试模拟题

全国计算机等级考试模拟题一

试题内容：

一、某知名企业要举办一场针对高校学生的大型职业生涯规划活动，并邀请了多数业内人士和资深媒体人参加，该活动由著名职场达人及东方集团的老总陆达先生担任演讲嘉宾，因此吸引了各高校学生纷纷前来听取讲座。为了此次活动能够圆满成功，并能引起各高校毕业生的广泛关注，该企业行政部准备制作一份精美的宣传海报。

请根据上述活动的描述，利用 Microsoft Word 2010 制作一份宣传海报。

具体要求如下：

1. 调整文档的版面，要求页面高度 36 厘米，页面宽度 25 厘米，页边距(上、下)为 5 厘米，页边距(左、右)为 4 厘米。

2. 将考生文件夹下的图片"背景图片.jpg"设置为海报背景。

3. 根据"Word-最终参考样式.docx"文件，调整海报内容文字的字体、字号以及颜色。

4. 根据页面布局需要，调整海报内容中"演讲题目"、"演讲人"、"演讲时间"、"演讲日期"、"演讲地点"信息的段落间距。

5. 在"演讲人："位置后面输入报告人"陆达"；在"主办：行政部"位置后面另起一页，并设置第 2 页的页面纸张大小为 A4 类型，纸张方向设置为"横向"，此页页边距为"普通"页边距定义。

6. 在第 2 页的"报名流程"下面，利用 SmartArt 制作本次活动的报名流程(行政部报名、确认坐席、领取资料、领取门票)。

7. 在第 2 页的"日程安排"段落下面，复制本次活动的日程安排表(请参照"Word-日程安排.xlsx"文件)，要求表格内容引用 Excel 文件中的内容，如果 Excel 文件中的内容发生变化，Word 文档中的日程安排信息随之发生变化。

8. 更换演讲人照片为考生文件夹下的"luda.jpg"照片，将该照片调整到适当位置，且不要遮挡文档中文字的内容。

9. 保存本次活动的宣传海报为 WORD.DOCX。

二、小李在东方公司担任行政助理，年底小李统计了公司员工档案信息的分析和汇总。请根据东方公司员工档案表（"Excel.xlsx"文件），按照如下要求完成统计和分析工作：

1. 请对"员工档案表"工作表进行格式调整，将所有工资列设为保留两位小数的数值，适当加大行高列宽。

2. 根据身份证号，请在"员工档案表"工作表的"出生日期"列中，使用 MID 函数提取员工生日，单元格式类型为"yyyy'年'm'月'd'日'"。

3. 根据入职时间，请在"员工档案表"工作表的"工龄"列中，使用 TODAY 函数和 INT 函数计算员工的工龄，工作满一年才计入工龄。

4. 引用"工龄工资"工作表中的数据来计算"员工档案表"工作表员工的工龄工资，在"基础工资"列中，计算每个人的基础工资。（基础工资=基本工资+工龄工资）

5. 根据"员工档案表"工作表中的工资数据，统计所有人的基础工资总额，并将其填写在"统计报告"工作表的 B2 单元格中。

6. 根据"员工档案表"工作表中的工资数据，统计职务为项目经理的基本工资总额，并将其填写在"统计报告"工作表的 B3 单元格中。

7. 根据"员工档案表"工作表中的数据，统计东方公司本科生平均基本工资，并将其填写在"统计报告"工作表的 B4 单元格中。

8. 通过分类汇总功能求出每个职务的平均基本工资。

9. 创建一个饼图，对每个员工的基本工资进行比较，并将该图表放置在"统计报告"中。

10. 保存"Excel.xlsx"文件。

三、在某展会的产品展示区，公司计划在大屏幕投影上向来宾自动播放并展示产品信息，因此需要市场部助理小王完善产品宣传文稿的演示内容。按照如下需求，在 PowerPoint 中完成制作工作：

1. 打开素材文件"PowerPoint_素材.pptx"，将其另存为"PowerPoint.pptx"，之后所有的操作均在"PowerPoint.pptx"文件中进行。

2. 将演示文稿中的所有中文文字字体由"宋体"替换为"微软雅黑"。

3. 为了布局美观，将第 2 张幻灯片中的内容区域文字转换为"基本维恩图"SmartArt 布局，更改 SmartArt 的颜色，并设置该 SmartArt 样式为"强烈效果"。

4. 为上述 SmartArt 图形设置由幻灯片中心进行"缩放"的进入动画效果，并要求自上一动画开始之后自动、逐个展示 SmartArt 中的 3 点产品特性文字。

5. 为演示文稿中的所有幻灯片设置不同的切换效果。

6. 将考试文件夹中的声音文件"BackMusic.mid"作为该演示文稿的背景音乐，并要求在幻灯片放映时即开始播放，至演示结束后停止。

7. 为演示文稿最后一页幻灯片右下角的图形添加指向网址"www.microsoft.com"的超链接。

8. 为演示文稿创建 3 个节，其中"开始"节中包含第 1 张幻灯片，"更多信息"节中包含最后 1 张幻灯片，其余幻灯片均包含在"产品特性"节中。

9. 为了实现幻灯片可以在展台自动放映，设置每张幻灯片的自动放映时间为 10 秒钟。

参考步骤：

一、请根据活动的描述，利用 Microsoft Word 2010 制作一份宣传海报。

1. 调整文档的版面，要求页面高度 36 厘米，页面宽度 25 厘米，页边距(上、下)为 5 厘米，页边距(左、右)为 4 厘米。

(1) 打开考生文件夹下的素材文件"Word.docx"。

(2) 单击"页面布局"选项卡下"页面设置"组中的对话框启动器按钮。打开"页面设置"对话框，在"纸张"选项卡下分别设置高度和宽度为"36 厘米"和"25 厘米"。

(3) 设置好后单击"确定"按钮。按照上面的同样方式打开"页面设置"对话框中的"页边距"选项卡，根据题目要求设置"页边距"选项中的"上"、"下"都为"5"厘米，设置"左"、"右"都为"4"厘米。然后，单击"确定"按钮即可。

2. 将考生文件夹下的图片"背景图片.jpg"设置为海报背景。

(1) 单击"页面布局"选项卡下"页面背景"组中的"页面颜色"下拉按钮，在弹出的下拉列表中选择"填充效果"命令，弹出"填充效果"对话框，选择"图片"选项卡，从目标文件中选择"背景图.jpg"。

(2) 单击"确定"按钮后即可看到实际填充效果图。

3. 根据"Word-最终参考样式.docx"文件，调整海报内容文字的字体、字号以及颜色。

根据"Word-最终参考样式.docx"文件，选中标题"职业生涯规划讲座"，单击"开始"选项卡下"字体"组中的"字体"下拉按钮，选择"隶书"，在"字号"下拉按钮中选择"小二"，在"字体颜色"下拉按钮中选择"黑色，文字 1"。按同样方式设置正文部分的字体，把正文部分设置为"宋体"、"小四"，字体颜色为"黑色，文字 1"。

4. 根据页面布局需要，调整海报内容中"演讲题目"、"演讲人"、"演讲时间"、"演讲日期"、"演讲地点"信息的段落间距。

选中"演讲题目"、"演讲人"、"演讲日期"、"演讲时间"、"演讲地点"所在的段落信息，单击"开始"选项卡下"段落"组中的"段落"按钮，弹出"段落"对话框。在"缩进和间距"选项卡下的"间距"选项中，单击"行距"下拉列表，选择"单倍行距"，在"段前"和"段后"中都选择"0 行"。

5. 在"演讲人:"位置后面输入报告人"陆达"；在"主办：行政部"位置后面另起一页，并设置第 2 页的页面纸张大小为 A4 类型，纸张方向设置为"横向"，此页页边距为"普通"页边距定义。

(1) 在"演讲人:"位置后面输入报告人"陆达"。

(2) 将鼠标置于"主办：行政部"位置后面，单击"页面布局"选项卡下"页面设置"组中的"分隔符"按钮，选择"分节符"中的"下一页"即可另起一页。

(3) 选择第二页，在"页面布局"选项卡"页面设置"组中的"纸张"选项卡下，选择"纸张大小"选项中的"A4"。

(4) 切换到"页边距"选项卡，选择"纸张方向"选项下的"横向"。

(5) 单击"页面设置"组中的"页边距"按钮，在下拉列表中选择"普通"选项。

6. 在第 2 页的"报名流程"下面，利用 SmartArt 制作本次活动的报名流程(行政部报名、确认坐席、领取资料、领取门票)。

(1) 单击"插入"选项卡下"插图"组中的"SmartArt"按钮，弹出"选择 SmartArt 图像"对话框，选择"流程"中的"基本流程"后单击"确定"按钮。

(2) 根据题意，流程图中缺少一个矩形。因此，选中第三个矩形，在"设计"选项卡下的"创建图形"组中，单击"添加形状"按钮，在弹出的列表中选择"在后面添加形状"即可。

(3) 在文本中输入相应的流程名称。

7. 在第 2 页的"日程安排"段落下面，复制本次活动的日程安排表(请参照"Word-日程安排.xlsx"文件)，要求表格内容引用 Excel 文件中的内容，如果 Excel 文件中的内容发生变化，Word 文档中的日程安排信息随之发生变化。

(1) 打开"Word-活动日程安排.xlsx"，选中表格中的所有内容，按 Ctrl+C 键复制选中的内容。

(2) 切换到 Word.docx 文件中，单击"开始"选项卡下"粘贴"组中的"选择性粘贴"按钮，弹出"选择性粘贴"对话框，选择"粘贴链接"，在"形式"下选择"Microsoft Excel 工作表对象"按钮。

(3) 单击"确定"按钮。

8. 更换演讲人照片为考生文件夹下的"luda.jpg"照片，将该照片调整到适当位置，且不要遮挡文档中文字的内容。

(1) 选中图片，在"格式"选项卡下，单击"调整"组中的"更改图片"按钮，弹出"插入图片"对话框。

(2) 选择"luda.jpg"，单击"插入"即可。

9. 保存本次活动的宣传海报为 WORD.DOCX。

单击"保存"按钮保存本次的宣传海报设计为"WORD.DOCX"文件名。

二、请根据东方公司员工档案表("Excel.xlsx"文件)，按照要求完成统计和分析工作。

1. 请对"员工档案表"工作表进行格式调整，将所有工资列设为保留两位小数的数值，适当加大行高列宽。

(1) 启动考生文件下的"Excel. xlsx"，打开"员工档案"工作表。

(2) 选中所有工资列单元格，单击"开始"选项卡下"单元格"组中的"格式"下拉按钮，在弹出的下拉列表中选择"设置单元格格式"命令，弹出"设置单元格格式"对话框。在"数字"选项卡"分类"组中选择"数值"，在小数位数微调框中设置小数位数为"2"。设置完毕后单击"确定"按钮即可。

(3) 选中所有单元格内容，单击"开始"选项卡下"单元格"组中的"格式"下拉按钮，在弹出的下拉列表中选择"自动调整行高"命令。

(4) 单击"开始"选项卡下"单元格"组中的"格式"下拉按钮，按照设置行高同样的方式选择"自动调整列宽"命令。

2. 根据身份证号，请在"员工档案表"工作表的"出生日期"列中，使用 MID 函数提取员工生日，单元格式类型为"yyyy'年'm'月'd'日'"。

在"员工档案"表工作表中 G3 单元格中输入"=MID(F3,7,4) &"年"& MID(F3,11,2) &"月"& MID(F3,13,2) &"日""，按"Enter"键确认，然后向下填充公式到最后一个员工，并适当调整该列的列宽。

3. 根据入职时间，请在"员工档案表"工作表的"工龄"列中，使用 TODAY 函数和 INT 函数计算员工的工龄，工作满一年才计入工龄。

在"员工档案"表的 J3 单元格中输入"=INT((TODAY()-I3)/365)"，表示当前日期减去入职时间的余额除以 365 天后再向下取整，按 Enter 键确认，然后向下填充公式到最后一个员工。

4. 引用"工龄工资"工作表中的数据来计算"员工档案表"工作表员工的工龄工资，在"基础工资"列中，计算每个人的基础工资。(基础工资=基本工资+工龄工资)

(1) 在"员工档案"表的 L3 单元格中输入"=J3*工龄工资!$B$3"，按"Enter"键确认，然后向下填充公式到最后一个员工。

(2) 在 M3 单元格中输入"=K3+L3"，按"Enter"键确认，然后向下填充公式到最后一个员工。

5. 根据"员工档案表"工作表中的工资数据，统计所有人的基础工资总额，并将其填写在"统计报告"工作表的 B2 单元格中。

在"统计报告"工作表中的 B2 单元格中输入"=SUM(员工档案!M3:M37)"，按"Enter"键确认。

6. 根据"员工档案表"工作表中的工资数据，统计职务为项目经理的基本工资总额，并将其填写在"统计报告"工作表的 B3 单元格中。

在"统计报告"工作表中的 B3 单元格中输入"=员工档案!K6+员工档案!K7"，按 Enter 键确认。

7. 根据"员工档案表"工作表中的数据，统计东方公司本科生平均基本工资，并将其填写在"统计报告"工作表的 B4 单元格中。

设置"统计报告"工作表中的 B4 单元格格式为 2 位小数，然后在 B4 单元格中输入"=AVERAGEIF(员工档案!H3:H37,"本科"，员工档案!K3:K37)"，按 Enter 键确认。

8. 通过分类汇总功能求出每个职务的平均基本工资。

(1) 选中 E38，单击"数据"选项卡下"分级显示"组中的"分类汇总"按钮，弹出"分类汇总"对话框。单击"分类字段"组中的下拉按钮选择"职务"，单击"汇总方式"组中的下拉按钮选择"平均值"，在"选定汇总项"组中勾选"基本工资"复选框。

(2) 单击"确定"按钮即可看到实际效果。

9. 创建一个饼图，对每个员工的基本工资进行比较，并将该图表放置在"统计报告"中。

(1) 同时选中每个职务平均基本工资所在的单元格，单击"插入"选项卡下"图表"组中的"饼图"按钮，选择"分离型饼图"命令。

(2) 右击图表区，选择"选择数据"命令，弹出"选择数据源"对话框，选中"水平(分类)轴标签"下的"1"，单击"编辑"按钮，弹出"轴标签"对话框，在"轴标签区域"中输入"部门经理,人事行政经理,文秘,项目经理,销售经理,研发经理,员工,总经理"。

(3) 单击"确定"按钮。

(4) 剪切该图粘贴到"统计报告"工作表中。

10. 保存"Excel.xlsx"文件。

单击"保存"按钮，保存"Excel.xlsx"文件。

三、按照需求，在 PowerPoint 中完成制作工作。

1. 打开素材文件"PowerPoint_素材.pptx"，将其另存为"PowerPoint.pptx"，之后所有的操作均在"PowerPoint.pptx"文件中进行。

启动 Microsoft PowerPoint 2010 软件，打开考生文件夹下的"PowerPoint_素材.pptx"素材文件，将其另存为"PowerPoint.pptx"。

2. 将演示文稿中的所有中文文字字体由"宋体"替换为"微软雅黑"。

选中第 1 张幻灯片，按 CTRL+A 选中所有文字，切换到"开始"选项卡，将字体设置为"微软雅黑"，使用同样的方法为每张幻灯片修改字体。

3. 为了布局美观，将第 2 张幻灯片中的内容区域文字转换为"基本维恩图"SmartArt布局，更改 SmartArt 的颜色，并设置该 SmartArt 样式为"强烈效果"。

(1) 切换到第 2 张幻灯片，选择内容文本框中的的文字，切换到"开始"选项卡"段落"选项组中，单击转换为"SmartArt 图形"按钮，在弹出的下拉列表中选择"基本维恩图"。

(2) 切换到"设计"选项卡，单击"SmartArt 样式"选项组中的"更改颜色"按钮，选择一种颜色，在"SmartArt 样式"选项组中选择"强烈效果"样式，使其保持美观。

4. 为上述 SmartArt 图形设置由幻灯片中心进行"缩放"的进入动画效果，并要求自上一动画开始之后自动、逐个展示 SmartArt 中的 3 点产品特性文字。

(1) 选中 SmartArt 图形，切换到"动画"选项卡，选择"动画"选项组中"进入"选项组中"缩放"效果。

(2) 单击"效果选项"下拉按钮，在其下拉列表中，选择"消失点"中的"幻灯片中心"，"序列"设为"逐个"。

(3) 单击"计时"组中"开始"右侧的下拉按钮，选择"上一动画之后"。

5. 为演示文稿中的所有幻灯片设置不同的切换效果。

(1) 选择第一张幻灯片，切换到"切换"选项卡，为幻灯片选择一种切换效果。

(2) 用相同方式设置其他幻灯片，保证切换效果不同即可。

6. 将考试文件夹中的声音文件"BackMusic.mid"作为该演示文稿的背景音乐，并要求在幻灯片放映时即开始播放，至演示结束后停止。

(1) 选择第一张幻灯片，切换到"插入"选项卡，选择"媒体"选项组的"音频"下拉按钮，在其下拉列表中选择"文件中的音频"选项，选择素材文件夹下的 BackMusic.MID 音频文件。

(2) 选中音频按钮，切换到"音频工具"下的"播放"选项卡中，在"音频选项"选项组中，将开始设置为"跨幻灯片播放"，勾选"循环播放直到停止"、"播完返回开头"和"放映时隐藏"复选框，最后适当调整位置。

7. 为演示文稿最后一页幻灯片右下角的图形添加指向网址"www.microsoft.com"的超链接。

选择最后一张幻灯片的箭头图片，单击鼠标右键，在弹出的快捷菜单中选择"超链接"命令。弹出"插入超链接"对话框，选择"现有文件或网页"选项，在"地址"后的输入栏中输入"www.microsoft.com"并单击"确定"按钮。

8. 为演示文稿创建 3 个节，其中"开始"节中包含第 1 张幻灯片，"更多信息"节中包含最后 1 张幻灯片，其余幻灯片均包含在"产品特性"节中。

(1) 选中第 1 张幻灯片，单击鼠标右键，在弹出的快捷菜单中选择"新增节"，会出现一个无标题节，选中节名，单击鼠标右键，在弹出的快捷菜单中选择"重命名节"，将节重命名为"开始"，单击"重命名"即可。

(2) 选中第 2 张幻灯片，单击鼠标右键，在弹出的快捷菜单中选择"新增节"命令，会出现一个无标题节，单击鼠标右键，在弹出的快捷菜单中选择"重命名节"，将节重命名为"产品特性"，单击"重命名"即可。

(3) 选中第 6 张幻灯片，按同样的方式设置第 3 节为"更多信息"。

9. 为了实现幻灯片可以在展台自动放映，设置每张幻灯片的自动放映时间为 10 秒钟。

切换到"切换"选项卡，选择"计时"选项组，勾选"设置自动换片时间"，并将自动换片时间设置为 10 秒，单击"全部应用"按钮。

全国计算机等级考试模拟题二

试题内容：

一、某公司周年庆要举办大型庆祝活动，为了答谢广大客户，公司定于 2013 年 2 月 15 日下午 3:00，在某五星级酒店举办庆祝会。拟邀请的重要客户名单保存在名为"重要通讯录.docx"的 Word 文档中，公司联系电话为 0551-61618588。

请按照如下要求，完成请柬的制作：

1. 制作请柬，以"CEO：李名轩"名义发出邀请，请柬中需要包含标题、收件人名称、庆祝会地点、庆祝会时间以及邀请人。

2. 在请柬的右下角位置插入一幅图片，调整其大小及位置，不可遮挡文字内容并不能影响文字排列。

3. 对请柬的内容更换字体、改变字号，且标题部分（"请柬"）与正文部分（以"尊敬的 XXX"开头）采用不同的字体字号；对需要的段落设置对齐方式，适当设置左右及首行缩进，以符号国人阅读习惯及美观为标准；适当加大行间距和段间距。

4. 为文档添加页眉页脚。页眉内容包含本公司的联系电话；页脚上包含举办庆祝会的时间。

5. 运用邮件合并功能制作内容相同、收件人不同(收件人为"重要通讯录.docx"中的每个人,采用导入的方式)的多份请柬,要求先将合并主文档以"请柬0.docx"为文件名进行保存,进行效果预览后,生成可以单独编辑的单个文档,将此文档以"请柬1.docx"进行保存。

二、小赵是一名参加工作不久的大学生。他习惯使用 Excel 表格来记录每月的个人开支情况,在 2013 年底,小赵将每个月各类支出的明细数据录入了文件名为"开支明细表.xlsx"的 Excel 工作簿文档中。请根据下列要求帮助小赵对明细表进行整理和分析:

1. 在工作表"小赵的美好生活"的第一行添加表标题"小赵2013年开支明细表",并通过合并单元格,放于整个表的上端、居中。

2. 将工作表应用一种主题,并增大字号,适当加大行高列宽,设置居中对齐方式,除表标题"小赵2013年开支明细表"外为工作表分别增加恰当的边框和底纹以使工作表更加美观。

3. 将每月各类支出及总支出对应的单元格数据类型都设为"货币"类型,无小数、有人民币货币符号。

4. 通过函数计算每个月的总支出、各个类别月均支出、每月平均总支出;并按每个月总支出升序对工作表进行排序。

5. 利用"条件格式"功能:将月单项开支金额中大于 1000 元的数据所在单元格以不同的字体颜色与填充颜色突出显示;将月总支出额中大于月均总支出110%的数据所在单元格以另一种颜色显示,所用颜色深浅以不遮挡数据为宜。

6. 在"年月"与"服装服饰"列之间插入新列"季度",数据根据月份由函数生成,例如:1 至 3 月对应"1 季度"、4 至 6 月对应"2 季度"……。

7. 复制工作表"小赵的美好生活",将副本放置到原表右侧;改变该副本表标签的颜色,并重命名为"按季度汇总";删除"月均开销"对应行。

8. 通过分类汇总功能,按季度升序求出每个季度各类开支的月均支出金额。

9. 在"按季度汇总"工作表后面新建名为"折线图"的工作表,在该工作表中以分类汇总结果为基础,创建一个带数据标记的折线图,水平轴标签为各类开支,对各类开支的季度平均支出进行比较,给每类开支的最高季度月均支出值添加数据标签。

三、请根据提供的"ppt 素材及设计要求.docx"设计制作演示文稿,并以文件名"ppt.pptx"保存,具体要求如下:

1. 演示文稿中需包含 6 页幻灯片,每页幻灯片的内容与"ppt 素材及设计要求.docx"文件中的序号内容相对应,并为演示文稿选择一种内置主题。

2. 设置第 1 页幻灯片为标题幻灯片,标题为"学习型社会的学习理念",副标题包含制作单位"计算机教研室"和制作日期(格式:XXXX 年 XX 月 XX 日)内容。

3. 设置第 3、4、5 页幻灯片为不同版式,并根据文件"ppt 素材及设计要求.docx"内容将其所有文字布局到各对应幻灯片中,第 4 页幻灯片需包含所指定的图片。

4. 根据"ppt 素材及设计要求.docx"文件中的动画类别提示设计演示文稿中的动画效

果,并保证各幻灯片中的动画效果先后顺序合理。

5. 在幻灯片中突出显示"ppt 素材及设计要求.docx"文件中重点内容(素材中加粗部分),包括字体、字号、颜色等。

6. 第 2 页幻灯片作为目录页,采用垂直框列表 SmartArt 图形表示"ppt 素材及设计要求.docx"文件中要介绍的三项内容,并为每项内容设置超级链接,单击各链接时跳转到相应幻灯片。

7. 设置第 6 页幻灯片为空白版式,并修改该页幻灯片背景为纯色填充。

8. 在第 6 页幻灯片中插入包含文字为"结束"的艺术字,并设置其动画动作路径为圆形形状。

参考步骤:

一、请按照要求,完成请柬的制作。

1. 制作请柬,以"CEO:李名轩"名义发出邀请,请柬中需要包含标题、收件人名称、庆祝会地点、庆祝会时间以及邀请人。

(1) 打开 Microsoft Word 2010,新建一空白文档。

(2) 按照题意在文档中输入请柬的基本信息,由此请柬初步建立完毕。

2. 在请柬的右下角位置插入一幅图片,调整其大小及位置,不可遮挡文字内容并不能影响文字排列。

(1) 插入图片。首先将鼠标光标置于正文后的右下角处,然后单击"插入"选项卡下"插图"组中的"图片"按钮,在弹出的"插入图片"对话框中选择素材中的"图片1.png"。

(2) 单击"插入"按钮即可将图片插入到文档右下角处。

(3) 适当调整图片的大小以及位置,以不影响文字排列、不遮挡文字内容为标准。选中图片,将鼠标光标置于合适的位置,此时鼠标变为双向箭头形状,而后拖动鼠标即可调整图片的大小。再用鼠标光标的移动可适当调整图片的位置。

3. 对请柬的内容更换字体、改变字号,且标题部分("请柬")与正文部分(以"尊敬的XXX"开头)采用不同的字体字号;对需要的段落设置对齐方式,适当设置左右及首行缩进,以符号国人阅读习惯及美观为标准;适当加大行间距和段间距。

(1) 根据题目要求,对已经初步做好的请柬进行适当的排版。选中"请柬"二字,单击"开始"选项卡下"字体"组中的"字号"下拉按钮,在弹出的下拉列表中选择"小二"。按照同样的方式在"字体"下拉列表中选择"黑体"。

(2) 选中除了"请柬"以外的正文部分,单击"开始"选项卡下"字体"组中的"字体"下拉按钮,在弹出的列表中选择"黑体"。按照同样的方式设置字号为"小四"。

(3) 选中正文(除了"请柬"和"CEO 李名轩先生诚邀"),单击"开始"选项卡下"段落"组中的"段落"按钮,弹出"段落"对话框。在"缩进和间距"选项卡下的"间距"选项中,单击"行距"下拉列表,选择"单倍行距",在"段前"和"段后"中分别设为"0.5 行"。

(4) 在"缩进"组的微调框中,设置"左侧"以及"右侧"缩进字符均为"2 字符";在"特殊格式"中选择"首行缩进",在对应的"磅值"中选择"2 字符";在"常规"选项中，单击"对齐方式"下拉按钮，选择"左对齐"。

4. 为文档添加页眉页脚。页眉内容包含本公司的联系电话；页脚上包含举办庆祝会的时间。

(1) 单击"插入"选项卡下"页眉页脚"组中的"页眉"按钮，在弹出的下拉列表中选择"空白"选项。

(2) 在光标显示处输入本公司的联系电话"0551-61618588"。

(3) 按照同样的方式插入页脚，然后输入举办庆祝会的时间"2013年2月15日下午3:00"。

5. 运用邮件合并功能制作内容相同、收件人不同(收件人为"重要通讯录.docx"中的每个人，采用导入的方式)的多份请柬，要求先将合并主文档以"请柬0.docx"为文件名进行保存，进行效果预览后，生成可以单独编辑的单个文档，将此文档以"请柬1.docx"进行保存。

(1) 在"邮件"选项卡上的"开始邮件合并"组中，单击"开始邮件合并"下的"邮件合并分步向导"命令。

(2) 打开"邮件合并"任务窗格，进入"邮件合并分步向导"的第1步。在"选择文档类型"中选择一个希望创建的输出文档的类型，此处选择"信函"。

(3) 单击"下一步：正在启动文档"超链接，进入"邮件合并分步向导"的第2步，在"选择开始文档"选项区域中选中"使用当前文档"单选按钮，以当前文档作为邮件合并的主文档。

(4) 接着单击"下一步：选取收件人"超链接，进入第3步，在"选择收件人"选项区域中选中"使用现有列表"单选按钮。

(5) 然后单击"浏览"超链接，打开"选取数据源"对话框，选择"重要通讯录.xlsx"文件后单击"打开按钮"。

(6) 进入"邮件合并收件人"对话框，单击"确定"按钮完成现有工作表的链接工作。

(7) 选择了收件人的列表之后，单击"下一步：撰写信函"超链接，进入第4步。在"撰写信函"区域中选择"其他项目"超链接。

(8) 打开"插入合并域"对话框，在"域"列表框中，按照题意选择"姓名"域，单击"插入"按钮。插入完所需的域后，单击"关闭"按钮，关闭"插入合并域"对话框。文档中的相应位置就会出现已插入的域标记。

(9) 在"邮件合并"任务窗格中，单击"下一步：预览信函"超链接，进入第5步。在"预览信函"选项区域中，单击"<<"或">>"按钮，可查看具有不同邀请人的姓名和称谓的信函。

(10) 预览并处理输出文档后，单击"下一步：完成合并"超链接，进入"邮件合并分步向导"的最后一步。此处，选择"编辑单个信函"超链接。

(11) 打开"合并到新文档"对话框，在"合并记录"选项区域中，选中"全部"单选按钮。

(12) 最后单击"确定"按钮，Word就会将存储的收件人的信息自动添加到请柬的正文中，并生成各自可以独立编辑的新文档。

(13) 将合并主文档以"请柬0.docx"为文件名进行保存。

(14) 将生成可以单独编辑的单个文档以"请柬1.docx"为文件名进行保存。

二、根据要求帮助小赵对明细表进行整理和分析。

1. 在工作表"小赵的美好生活"的第一行添加表标题"小赵2013年开支明细表",并通过合并单元格,放于整个表的上端、居中。

(1) 打开考生文件夹下的"开支明细表.xlsx素材文件。

(2) 选择"小赵美好生活"工作表,在工作表中选择"A1:M1"单元格,切换到"开始"选项卡,单击"对齐方式"下的"合并后居中"按钮。输入"小赵2013年开支明细表"文字,按Enter键完成输入。

2. 将工作表应用一种主题,并增大字号,适当加大行高列宽,设置居中对齐方式,除表标题"小赵2013年开支明细表"外为工作表分别增加恰当的边框和底纹以使工作表更加美观。

(1) 选择工作表标签,单击鼠标右键,在弹出的快捷菜单中选择"工作表标签颜色",为工作表标签添加"橙色"主题。

(2) 选择"A1:M 1"单元格,将"字号"设置为"18",将"行高"设置为"35",将"列宽"设置为"16"。选择"A2:M15"单元格,将"字号"设置为"12",将"行高"设置为"18","列宽"设置为"16"。

(3) 选择"A2:M15"单元格,切换到"开始"选项卡,在"对齐方式"选项组中单击对话框启动器按钮,弹出"设置单元格格式"对话框,切换到"对齐"选项卡,将"水平对齐"设置为"居中"。

(4) 切换到"边框"选项卡,选择默认线条样式,将颜色设置为"标准色"中的"深蓝",在"预置"选项组中单击"外边框"和"内部"按钮。

(5) 切换到"填充"选项卡,选择一种背景颜色,单击"确定"按钮。

3. 将每月各类支出及总支出对应的单元格数据类型都设为"货币"类型,无小数、有人民币货币符号。

选择B3:M15,在选定内容上单击鼠标右键,在弹出的快捷菜单中选择"设置单元格格式",弹出"设置单元格格式"对话框,切换到"数字"选项卡,在"分类"下选择"货币",将"小数位数"设置为0,确定"货币符号"为人民币符号(默认就是),单击"确定"按钮即可。

4. 通过函数计算每个月的总支出、各个类别月均支出、每月平均总支出;并按每个月总支出升序对工作表进行排序。

(1) 选择M3单元格,输入"=SUM(B3:L3)"后按Enter键确认,拖动M3单元格的填充柄填充至M15单元格;选择B3单元格,输入"=AVERAGE(B3:B14)"后按Enter键确认,拖动B15单元格的填充柄填充至L15单元格。

(2) 选择"A2:M14",切换到"数据"选项卡,在"排序和筛选"选项组中单击"排序"按钮,弹出"排序"对话框,在"主要关键字"中选择"总支出",在"次序"中选择"升序"，单击"确定"按钮。

5. 利用"条件格式"功能：将月单项开支金额中大于 1000 元的数据所在单元格以不同的字体颜色与填充颜色突出显示；将月总支出额中大于月均总支出 110%的数据所在单元格以另一种颜色显示，所用颜色深浅以不遮挡数据为宜。

(1) 选择"B3:L14"单元格，切换到"开始"选项卡，单击"样式"选项组下的"条件格式"下拉按钮，在下拉列表中选择"突出显示单元格规则—大于"，在"为大于以下值的单元格设置格式"文本框中输入"1000"，使用默认设置"浅红填充色深红色文本"，单击"确定"按钮。

(2) 选择"M3:M14"单元格，切换到"开始"选项卡，单击"样式"选项组下的"条件格式"下拉按钮，在弹出的下拉列表中选择"突出显示单元格规则—大于"，在"为大于以下值的单元格设置格式"文本框中输入"=$M$15*110%"，设置颜色为"黄填充色深黄色文本"，单击"确定"按钮。

6. 在"年月"与"服装服饰"列之间插入新列"季度"，数据根据月份由函数生成，例如：1 至 3 月对应"1 季度"、4 至 6 月对应"2 季度"……。

(1) 选择 B 列，鼠标定位在列号上，单击右键，在弹出的快捷菜单中选择"插入"按钮，选择 B2 单元格，输入文本"季度"。

(2) 选择 B3 单元格，输入"="第"& INT(1+(MONTH(A3)-1)/3) &"季度""，按 Enter 键确认。拖动 B3 单元格的填充柄将其填充至 B14 单元格。

7. 复制工作表"小赵的美好生活"，将副本放置到原表右侧；改变该副本表标签的颜色，并重命名为"按季度汇总"；删除"月均开销"对应行。

(1) 在"小赵的美好生活"工作表标签处单击鼠标右键，在弹出的快捷菜单中选择"移动或复制"，勾选"建立副本"，选择"(移至最后)"，单击"确定"按钮。

(2) 在"小赵的美好生活(2)"标签处单击鼠标右键，在弹出的快捷菜单中选择工作表标签颜色，为工作表标签添加"红色"主题。

(3) 在"小赵的美好生活(2)"标签处单击鼠标右键选择"重命名"，输入文本"按季度汇总"；选择"按季度汇总"工作表的第 15 行，鼠标定位在行号处，单击鼠标右键，在弹出的快捷菜单中选择"删除"按钮。

8. 通过分类汇总功能，按季度升序求出每个季度各类开支的月均支出金额。

选择"按季度汇总"工作表的"A2:N14"单元格，切换到"数据"选项卡，选择"分级显示"选项组下的"分类汇总"按钮，弹出"分类汇总"对话框，在"分类字段"中选择"季度"、在"汇总方式"中选择"平均值"，在"选定汇总项中"不勾选"年月"、"季度"、"总支出"，其余全选，单击"确定"按钮。

9. 在"按季度汇总"工作表后面新建名为"折线图"的工作表，在该工作表中以分类汇总结果为基础，创建一个带数据标记的折线图，水平轴标签为各类开支，对各类开支的季度平均支出进行比较，给每类开支的最高季度月均支出值添加数据标签。

(1) 单击"按季度汇总"工作表左侧的标签数字"2"(在全选按钮左侧)。

(2) 选择"B2:M24"单元格，切换到"插入"选项卡，在"图表"选项组中单击"折线图"下拉按钮,在弹出的下拉列表中选择"带数据标记的折线图"。

(3) 选择图表,切换到"设计"选项卡,选择"数据"选项组中的"切换行/列",使图例为各个季度。

(4) 在图表上单击鼠标右键,在弹出的快捷菜单中选择"移动图表",弹出"移动图表"对话框,选中"新工作表"按钮,输入工作表名称"折线图",单击"确定"按钮。

(5) 选择"折线图"工作表标签,单击鼠标右键,在弹出的快捷菜单中选择"工作表标签颜色",为工作表标签添加"蓝色"主题,在标签处单击鼠标右键选择"移动或复制"按钮,在弹出的"移动或复制工作表"对话框中勾选"移至最后"复选框,单击"确定"按钮。保存工作表"开支明细表.xlsx"。

三、请根据提供的"ppt素材及设计要求.docx"设计制作演示文稿,并以文件名"ppt.pptx"保存。

1. 演示文稿中需包含 6 页幻灯片,每页幻灯片的内容与"ppt 素材及设计要求.docx"文件中的序号内容相对应,并为演示文稿选择一种内置主题。

(1) 打开考生文件夹下的"ppt 素材及设计要求.docx"素材文件。

(2) 启动 Microsoft PowerPoint 2010 软件,自动新建一个空白文档。

(3) 切换到"设计"选项卡,在"主题"选项组中选择暗香扑面主题。按 CTRL+M 新建幻灯片,使幻灯片数量为 6 张。

2. 设置第 1 页幻灯片为标题幻灯片,标题为"学习型社会的学习理念",副标题包含制作单位"计算机教研室"和制作日期(格式:XXXX 年 XX 月 XX 日)内容。

选择第 1 张幻灯片,切换到"开始"选项卡,单击"幻灯片"选项组中的"版式"下拉按钮,在弹出的下拉列表中选择"标题幻灯片",在标题处输入文本"学习型社会的学习理念",在副标题处输入文本"计算机教研室"和"XXXX 年 XX 月 XX 日"。

3. 设置第 3、4、5 页幻灯片为不同版式,并根据文件"ppt 素材及设计要求.docx"内容将其所有文字布局到各对应幻灯片中,第 4 页幻灯片需包含所指定的图片。

按上述同样的方式对第 3、4、5 张幻灯片的版式进行设计。设置第 3 张幻灯片版式为"标题和内容",第 4 张幻灯片版式为"比较",第 5 张幻灯片版式为"内容与标题",分别将"ppt 素材及设计要求.docx"中对应的文字图片复制到第 3、4、5 张幻灯片中,并设置合适的字体字号。

4. 根据"ppt 素材及设计要求.docx"文件中的动画类别提示设计演示文稿中的动画效果,并保证各幻灯片中的动画效果先后顺序合理。

(1) 根据"ppt 素材及设计要求.docx"中的动画说明,选择演示文稿相应的文本框对象,切换到"动画"选项卡,在动画选项组中选择相应的动画效果。

(2) 选中第 3 张幻灯片中的"知识的更新速率……"文本框,单击"动画"选项卡下动画选项组的"其他"下拉按钮,在弹出的列表中选中"退出"组中的"淡出"。

(3) 其他动画均参照上述方法设置。

5. 在幻灯片中突出显示"ppt 素材及设计要求.docx"文件中重点内容(素材中加粗部分),包括字体、字号、颜色等。

对照"ppt 素材及设计要求.docx"中加粗文字，选定演示文稿中的相关文字，切换到"开始"选项卡，在"字体"选项组中设置与默认"字体"、"字号"、"颜色"不同的"字体"、"字号"、"颜色"。

6. 第2页幻灯片作为目录页，采用垂直框列表 SmartArt 图形表示"ppt 素材及设计要求.docx"文件中要介绍的三项内容，并为每项内容设置超级链接，单击各链接时跳转到相应幻灯片。

(1) 选定第2张幻灯片，切换到"插入"选项卡，单击"插图"选项组中的"SmartArt"按钮，在弹出的对话框中选择"列表—垂直框列表"。

(2) 分别按"ppt 素材及设计要求.docx"中的要求输入相应文本，分别选择"一、现代社会知识更新的特点"、"二、现代文盲--功能性文盲"、"三、学习的三重目的"文本框，切换到"插入"选项卡，单击"链接"选项组中的"超链接"按钮，选择"本文档中的位置"，分别点击链接目标为"幻灯片3"、"幻灯片4"、"幻灯片5"。

7. 设置第6页幻灯片为空白版式，并修改该页幻灯片背景为纯色填充。

(1) 选择第6张幻灯片，切换到"开始"选项卡，在"幻灯片"选项组中，选择"版式"下的"空白"选项。

(2) 在幻灯片上单击鼠标右键，在弹出的快捷菜单中选择"设置背景格式"，在弹出的对话框中选择"填充"，在填充下选择"纯色填充"单选按钮，将"颜色"设为与主题相应的颜色，然后单击"关闭"按钮，关闭对话框。

8. 在第6页幻灯片中插入包含文字为"结束"的艺术字，并设置其动画动作路径为圆形形状。

(1) 选定第6张幻灯片，切换到"插入"选项卡，单击"文本"选项组中的"艺术字"下拉按钮，在下拉列表中任意一种艺术字样式，输入文本"结束"。

(2) 选定艺术字对象，切换到"动画"选项卡，在"动画"选项组中选择"动作路径"下的"形状"(圆形样)按钮，并适当调整路径的大小。

全国计算机等级考试模拟题三

试题内容：

一、张静是一名大学本科三年级学生，经多方面了解分析，她希望在下个暑期去一家公司实习。为获得难得的实习机会，她打算利用 Word 精心制作一份简洁而醒目的个人简历，示例样式如"简历参考样式.jpg"所示，要求如下：

1. 调整文档版面，要求纸张大小为 A4，页边距(上、下)为 2.5 厘米，页边距(左、右)为 3.2 厘米。

2. 根据页面布局需要，在适当的位置插入标准色为橙色与白色的两个矩形，其中橙色矩形占满 A4 幅面，文字环绕方式设为"浮于文字上方"，作为简历的背景。

3. 参照示例文件，插入标准色为橙色的圆角矩形，并添加文字"实习经验"，插入 1

个短划线的虚线圆角矩形框。

4. 参照示例文件，插入文本框和文字，并调整文字的字体、字号、位置和颜色。其中"张静"应为标准色橙色的艺术字，"寻求能够……"文本效果应为跟随路径的"上弯弧"。

5. 根据页面布局需要，插入考生文件夹下图片"1.png"，依据样例进行裁剪和调整，并删除图片的剪裁区域；然后根据需要插入图片2.jpg、3.jpg、4.jpg，并调整图片位置。

6. 参照示例文件，在适当的位置使用形状中的标准色橙色箭头(提示：其中横向箭头使用线条类型箭头)，插入"SmartArt"图形，并进行适当编辑。

7. 参照示例文件，在"促销活动分析"等4处使用项目符号"对勾"，在"曾任班长"等4处插入符号"五角星"、颜色为标准色红色。调整各部分的位置、大小、形状和颜色，以展现统一、良好的视觉效果。

二、销售部助理小王需要针对2012年和2013年的公司产品销售情况进行统计分析，以便制订新的销售计划和工作任务。现在，请按照如下需求完成工作：

1. 打开"Excel_素材.xlsx"文件，将其另存为"Excel.xlsx"，之后所有的操作均在"Excel.xlsx"文件中进行。

2. 在"订单明细"工作表中，删除订单编号重复的记录(保留第一次出现的那条记录)，但须保持原订单明细的记录顺序。

3. 在"订单明细"工作表的"单价"列中，利用VLOOKUP公式计算并填写相对应图书的单价金额。图书名称与图书单价的对应关系可参考工作表"图书定价"。

4. 如果每订单的图书销量超过40本(含40本)，则按照图书单价的9.3折进行销售；否则按照图书单价的原价进行销售。按照此规则，计算并填写"订单明细"工作表中每笔订单的"销售额小计"，保留2位小数。要求该工作表中的金额以显示精度参与后续的统计计算。

5. 根据"订单明细"工作表的"发货地址"列信息，并参考"城市对照"工作表中省市与销售区域的对应关系，计算并填写"订单明细"工作表中每笔订单的"所属区域"。

6. 根据"订单明细"工作表中的销售记录，分别创建名为"北区"、"南区"、"西区"和"东区"的工作表，这4个工作表中分别统计本销售区域各类图书的累计销售金额，统计格式请参考"Excel_素材.xlsx"文件中的"统计样例"工作表。将这4个工作表中的金额设置为带千分位的、保留两位小数的数值格式。

7. 在"统计报告"工作表中，分别根据"统计项目"列的描述，计算并填写所对应的"统计数据"单元格中的信息。

三、校摄影社团在今年的摄影比赛结束后，希望可以借助PowerPoint将优秀作品在社团活动中进行展示。这些优秀的摄影作品保存在考试文件夹中，并以 Photo (1).jpg～Photo (12).jpg 命名。

现在，请按照如下需求，在PowerPoint中完成制作工作：

1. 利用PowerPoint应用程序创建一个相册，并包含 Photo (1).jpg~ Photo (12).jpg 共12幅摄影作品。在每张幻灯片中包含4张图片，并将每幅图片设置为"居中矩形阴影"相框形状。

2. 设置相册主题为考试文件夹中的"相册主题.pptx"样式。

3. 为相册中每张幻灯片设置不同的切换效果。

4. 在标题幻灯片后插入一张新的幻灯片，将该幻灯片设置为"标题和内容"版式。在该幻灯片的标题位置输入"摄影社团优秀作品赏析"；并在该幻灯片的内容文本框中输入3行文字，分别为"湖光春色"、"冰消雪融"和"田园风光"。

5. 将"湖光春色"、"冰消雪融"和"田园风光"3行文字转换为样式为"蛇形图片重点列表"的SmartArt对象，并将Photo (1).jpg、Photo (6).jpg和Photo (9).jpg定义为该SmartArt对象的显示图片。

6. 为SmartArt对象添加自左至右的"擦除"进入动画效果，并要求在幻灯片放映时该SmartArt对象元素可以逐个显示。

7. 在SmartArt对象元素中添加幻灯片跳转链接，使得单击"湖光春色"标注形状可跳转至第3张幻灯片，单击"冰消雪融"标注形状可跳转至第4张幻灯片，单击"田园风光"标注形状可跳转至第5张幻灯片。

8. 将考试文件夹中的"ELPHRG01.wav"声音文件作为该相册的背景音乐，并在幻灯片放映时即开始播放。

9. 将该相册保存为"PowerPoint.pptx"文件。

参考步骤：

一、张静打算利用Word精心制作一份简洁而醒目的个人简历。

1. 调整文档版面，要求纸张大小为A4，页边距(上、下)为2.5厘米，页边距(左、右)为3.2厘米。

(1) 打开考生文件夹下的"WORD素材.txt"素材文件。

(2) 启动Word2010软件，并新建空白文档。

(3) 切换到"页面布局"选项卡，在"页面设置"选项组中单击对话框启动器按钮，弹出"页面设置"对话框，切换到"纸张"选项卡，将"纸张大小"设为"A4"。

(4) 切换到"页边距"选项卡，将"页边距"的上、下、左、右分别设为2.5厘米、2.5厘米、3.2厘米、3.2厘米。

2. 根据页面布局需要，在适当的位置插入标准色为橙色与白色的两个矩形，其中橙色矩形占满A4幅面，文字环绕方式设为"浮于文字上方"，作为简历的背景。

(1) 切换到"插入"选项卡，在"插图"选项组中单击"形状"下拉按钮，在其下拉列表中选择"矩形"，并在文档中进行绘制使其与页面大小一致。

(2) 选中矩形，切换到"格式"选项卡，在"形状样式"选项组中分别将"形状填充"和"形状轮廓"都设为"标准色"下的"橙色"。

(3) 选中黄色矩形，单击鼠标右键在弹出的快捷菜单中选择"自动换行"级联菜单中的"浮于文字上方"选项。

(4) 在橙色矩形上方按步骤1同样的方式创建一个白色矩形，并将其"自动换行"设为"浮于文字上方"，"形状填充"和"形状轮廓"都设为"主题颜色"下的"白色"。

3. 参照示例文件，插入标准色为橙色的圆角矩形，并添加文字"实习经验"，插入1

个短划线的虚线圆角矩形框。

(1) 切换到"插入"选项卡，在"插图"选项组中单击"形状"下拉按钮，在其下拉列表中选择"圆角矩形"，参考示例文件，在合适的位置绘制圆角矩形，如同上题步骤2将"圆角矩形"的"形状填充"和"形状轮廓"都设为"标准色"下的"橙色"。

(2) 选中所绘制的圆角矩形，在其中输入文字"实习经验"，并选中"实习经验"，设置"字体"为"宋体"，"字号"为"小二"。

(3) 根据参考样式，再次绘制一个"圆角矩形"，并调整此圆角矩形的大小。

(4) 选中此圆角矩形，选择"绘图工具"下的"格式"选项卡，在"形状样式"选项组中将"形状填充"设为"无填充颜色"，在"形状轮廓"列表中选择"虚线"下的"短划线"，粗细设置为0.5磅，"颜色"设为"橙色"。

(5) 选中圆角矩形，单击鼠标右键，在弹出的快捷菜单中选择"置于底层"级联菜单中的"下移一层"。

4. 参照示例文件，插入文本框和文字，并调整文字的字体、字号、位置和颜色。其中"张静"应为标准色橙色的艺术字，"寻求能够……"文本效果应为跟随路径的"上弯弧"。

(1) 切换到"插入"选项卡，在"文本"选项组中单击"艺术字"下拉按钮，在下拉列表中选择"填充-无，轮廓-强调文字颜色 2"的红色艺术字；输入文字"张静"，并调整好位置。

(2) 选中艺术字，设置艺术字的"文本填充"为"橙色"，并将其"字号"设为"一号"。

(3) 切换到"插入"选项卡，在"文本"选项组中单击"文本框"下拉按钮，在下拉列表中选择"绘制文本框"，绘制一个文本框并调整好位置。

(4) 在文本框上右击鼠标选择"设置形状格式"，弹出"设置形状格式"对话框，选择"线条颜色"为"无线条"。

(5) 在文本框中输入与参考样式中对应的文字，并调整好字体、字号和位置。

(6) 切换到"插入"选项卡，在页面最下方插入艺术字。在"文本"选项组中单击"艺术字"下拉按钮，选中艺术字，并输入文字"寻求能够不断学习进步，有一定挑战性的工作"，并适当调整文字大小。

(7) 切换到"格式"选项卡，在"艺术字样式"选项组中选择"文本效果"下拉按钮，在弹出的下拉列表中选择"转换-跟随路径-上弯弧"。

5. 根据页面布局需要，插入考生文件夹下图片"1.png"，依据样例进行裁剪和调整，并删除图片的剪裁区域；然后根据需要插入图片2.jpg、3.jpg、4.jpg，并调整图片位置。

(1) 切换到"插入"选项卡，在"插图"选项组中单击"图片"按钮，弹出插入图片对话框，选择考生文件夹下的素材图片"1.png"，单击"插入"按钮。

(2) 选择插入的图片，单击鼠标右键，在下拉列表中选择"自动换行-四周型环绕"，依照样例利用"格式"选项卡下"大小"选项组中的"裁剪"工具进行裁剪，并调整大小和位置。

(3) 使用同样的操作方法在对应位置插入图片 2.jpg、3.jpg、4.jpg，并调整好大小和位置。

6. 参照示例文件，在适当的位置使用形状中的标准色橙色箭头(提示：其中横向箭头使用线条类型箭头)，插入"SmartArt"图形，并进行适当编辑。

(1) 切换到"插入"选项卡，在"插图"选项组中单击"形状"下拉按钮，在下拉列表中选择"线条"中的"箭头"，在对应的位置绘制水平箭头。

(2) 选中水平箭头后单击鼠标右键，在弹出的列表中选择"设置形状格式"，在"设置形状格式"对话框中设置"线条颜色"为"橙色"、在"线型-宽度"输入线条宽度为"4.5磅"。

(3) 切换到"插入"选项卡，在"插图"选项组中单击"形状"下拉按钮，在下拉列表中选择"箭头总汇"中的"上箭头"，在对应样张的位置绘制三个垂直向上的箭头。

(4) 选中绘制的"箭头"，在"格式"选项卡中设置的"形状轮廓"和"形状填充"均为"橙色"，并调整好大小和位置。

(5) 切换到"插入"选项卡，在"插图"选项组中单击"SmartArt"按钮，弹出"选择SmartArt 图形"对话框，选择"流程-步骤上移流程"。

(6) 输入相应的文字，并适当调整 SmartArt 图形的大小和位置。

(7) 切换到"设计"选项卡，在"SmartArt 样式"组中，单击"更改颜色"下拉按钮，在其下拉列表中选择"强调文字颜色 2"组中的"渐变范围-强调文字颜色 2"。

(8) 切换到"设计"选项卡，在"创建图形"选项组中单击"添加形状"按钮，在其下拉列表中选择"在后面形状添加"选项，使其成为四个。

(9) 在文本框中输入相应的文字，并设置合适的字体和大小。

7. 参照示例文件，在"促销活动分析"等 4 处使用项目符号"对勾"，在"曾任班长"等 4 处插入符号"五角星"、颜色为标准色红色。调整各部分的位置、大小、形状和颜色，以展现统一、良好的视觉效果。

(1) 在"实习经验"矩形框中输入对应的文字，并调整好字体大小和位置。

(2) 分别选中"促销活动分析"等文本框的文字，单击鼠标右键选择"段落"功能区中的"项目符号"，在"项目符号库"中选择"对勾"符号，为其添加对勾。

(3) 分别将光标定位在"曾任班长"等 4 处位置的起始处，切换到"插入"选项卡，在"符号"选项组中选择"其他符号"，在列表中选择"五角星"。

(4) 选中所插入的"五角形"符号，在"开始"选项卡中设置颜色为"标准色"中的"红色"。

(5) 以文件名"WORD.docx"保存结果文档。

二、销售部助理小王需要针对 2012 年和 2013 年的公司产品销售情况进行统计分析，以便制订新的销售计划和工作任务。

1. 打开"Excel_素材.xlsx"文件，将其另存为"Excel.xlsx"，之后所有的操作均在"Excel.xlsx"文件中进行。

启动 Microsoft Excel 2010 软件，打开考生文件夹下的"Excel 素材.xlsx"文件，将其另存为"Excel.xlsx"。

2. 在"订单明细"工作表中，删除订单编号重复的记录(保留第一次出现的那条记录)，但须保持原订单明细的记录顺序。

在"订单明细"工作表中按 Ctrl+A 组合键选择所有表格,切换到"数据"选项卡,单击"数据工具"选项组中的"删除重复项"按钮,在弹出对话框中单击全选,单击"确定"按钮。

3. 在"订单明细"工作表的"单价"列中,利用 VLOOKUP 公式计算并填写相对应图书的单价金额。图书名称与图书单价的对应关系可参考工作表"图书定价"。

在"订单明细"工作表 E3 单元格输入"=VLOOKUP([@图书名称],表 2,2,0)",按 Enter 键计算结果,并拖动填充柄向下自动填充单元格。

4. 如果每订单的图书销量超过 40 本(含 40 本),则按照图书单价的 9.3 折进行销售;否则按照图书单价的原价进行销售。按照此规则,计算并填写"订单明细"工作表中每笔订单的"销售额小计",保留 2 位小数。要求该工作表中的金额以显示精度参与后续的统计计算。

在"订单明细"工作表 I3 单元格输入"=IF([@销量(本)]>=40,[@单价]*[@销量(本)]*0.93,[@单价]*[@销量(本)])",按 Enter 键计算结果,并拖动填充柄向下自动填充单元格。

5. 根据"订单明细"工作表的"发货地址"列信息,并参考"城市对照"工作表中省市与销售区域的对应关系,计算并填写"订单明细"工作表中每笔订单的"所属区域"。

在"订单明细"工作表的 H3 单元格中,输入"=VLOOKUP(MID([@发货地址],1,3),表 3,2,0)"。按 Enter 键计算结果,并拖动填充柄向下自动填充单元格。

6. 根据"订单明细"工作表中的销售记录,分别创建名为"北区"、"南区"、"西区"和"东区"的工作表,这 4 个工作表中分别统计本销售区域各类图书的累计销售金额,统计格式请参考"Excel_素材.xlsx"文件中的"统计样例"工作表。将这 4 个工作表中的金额设置为带千分位的、保留两位小数的数值格式。

(1) 单击"插入工作表"按钮,分别创建 4 个新的工作表。移动工作表到"统计样例"工作表前,分别重命名为"北区"、"南区"、"西区"和"东区"。

(2) 在"北区"工作表中,切换到"插入"选项卡,单击"表格"选项组中的"数据透视表"下拉按钮,在弹出的"创建数据透视表"对话框中,勾选"选择一个表或区域"单选按钮,在"表/区域"中输入"表 1",位置为"现有工作表",单击"确定"按钮。

(3) 将"图书名称"拖拽至"行标签",将"所属区域"拖拽至"列标签",将"销售额小计"拖拽至"数值"。展开列标签,取消勾选"北区"外其他 3 个区,单击"确定"按钮。

(4) 切换到"设计"选项卡,在"布局"选项组中,单击"总计"按钮,在弹出的下拉列表中单击"仅对列启用";单击"报表布局"按钮,在弹出的下拉列表中选择"以大纲形式显示"。

(5) 选中数据区域 B 列,切换到"开始"选项卡,单击"数字"选项组的对话框启动器按钮,在弹出的"设置单元格格式"对话框中选择"分类"组中的"数值",勾选"使用千分位分隔符","小数位数"设为"2",单击"确定"按钮。

(6) 按以上方法分别完成"南区"、"西区"和"东区"工作表的设置。

7. 在"统计报告"工作表中，分别根据"统计项目"列的描述，计算并填写所对应的"统计数据"单元格中的信息。

(1) 在"统计报告"工作表 B3 单元格输入"=SUMIFS(表 1[销售额小计],表 1[日期],">=2013-1-1",表 1[日期],"<=2013-12-31")"。然后选择 B4:B7 单元格，按 Delete 键删除。

(2) 在"统计报告"工作表 B4 单元格输入"=SUMIFS(表 1[销售额小计],表 1[图书名称],订单明细!D7,表 1[日期],">=2012-1-1",表 1[日期],"<=2012-12-31")"。

(3) 在"统计报告"工作表 B5 单元格输入"=SUMIFS(表 1[销售额小计],表 1[书店名称],订单明细!C14,表 1[日期],">=2013-7-1",表 1[日期],"<=2013-9-30")"。

(4) 在"统计报告"工作表 B6 单元格输入"=SUMIFS(表 1[销售额小计],表 1[书店名称],订单明细!C14,表 1[日期],">=2012-1-1",表 1[日期],"<=2012-12-31")/12"。

(5) 在"统计报告"工作表 B7 单元格输入"=SUMIFS(表 1[销售额小计],表 1[书店名称],订单明细!C14,表 1[日期],">=2013-1-1",表 1[日期],"<=2013-12-31")/SUMIFS(表 1[销售额小计],表 1[日期],">=2013-1-1",表 1[日期],"<=2013-12-31")"，设置数字格式为百分比，保留两位小数。

三、校摄影社团在今年的摄影比赛结束后，希望可以借助 PowerPoint 将优秀作品在社团活动中进行展示。

1. 利用 PowerPoint 应用程序创建一个相册，并包含 Photo (1).jpg~ Photo (12).jpg 共 12 幅摄影作品。在每张幻灯片中包含 4 张图片，并将每幅图片设置为"居中矩形阴影"相框形状。

(1) 打开 Microsoft Power Point 2010 应用程序。

(2) 单击"插入"选项卡下"图像"组中的"相册"按钮，弹出"相册"对话框。

(3) 单击"文件/磁盘"按钮，弹出"插入新图片"对话框，选中要求的 12 张图片。最后单击"插入"按钮即可。

(4) 回到"相册"对话框，在"相册板式"下拉列表中选择"4 张图片"。最后单击"创建"按钮即可。

(5) 依次选中每张图片，单击鼠标右键，在弹出的快捷菜单中选择"设置图片格式"命令，即可弹出"设置图片格式"对话框。切换到"阴影"选项卡，在"预设"下拉列表框中选择"内部居中"命令后单击"确定"按钮即可完成设置。

2. 设置相册主题为考试文件夹中的"相册主题.pptx"样式。

(1) 单击"设计"选项卡下"主题"组中的"其他"按钮，在弹出的下拉列表中选择"浏览主题"。

(2) 在弹出的"选择主题或主题文档"对话框中，选中"相册主题.pptx"文档。设置完成后单击"应用"按钮即可。

3. 为相册中每张幻灯片设置不同的切换效果。

(1) 选中第一张幻灯片，在"切换"选项卡下"切换到此幻灯片"组中选择"淡出"。

(2) 选中第二张幻灯片，在"切换"选项卡下"切换到此幻灯片"组中选择"推进"。

(3) 选中第三张幻灯片，在"切换"选项卡下"切换到此幻灯片"组中选择"擦除"。
(4) 选中第四张幻灯片，在"切换"选项卡下"切换到此幻灯片"组中选择"分割"。

4. 在标题幻灯片后插入一张新的幻灯片，将该幻灯片设置为"标题和内容"版式。在该幻灯片的标题位置输入"摄影社团优秀作品赏析"；并在该幻灯片的内容文本框中输入3行文字，分别为"湖光春色"、"冰消雪融"和"田园风光"。

(1) 选中第一张主题幻灯片，单击"开始"选项卡下"幻灯片"组中的"新建幻灯片"按钮，在弹出的下拉列表中选择"标题和内容"。
(2) 在新建的幻灯的标题文本框中输入"摄影社团优秀作品赏析"；并在该幻灯片的内容文本框中输入3行文字，分别为"湖光春色"、"冰消雪融"和"田园风光"。

5. 将"湖光春色"、"冰消雪融"和"田园风光"3行文字转换为样式为"蛇形图片重点列表"的SmartArt对象，并将Photo (1).jpg、Photo (6).jpg和Photo (9).jpg定义为该SmartArt对象的显示图片。

(1) 选中"湖光春色"、"冰消雪融"和"田园风光"三行文字，单击"开始"选项卡下"段落"组中的"转化为SmartArt"按钮，在弹出的下拉列表中选择"蛇形图片重点列表"。
(2) 在弹出的"在此处键入文字"对话框中，双击在"湖光春色"所对应的图片按钮。在弹出的"插入图片"对话框中选择"Photo (1).jpg"图片。
(3) 类似于步骤2，在"冰消雪融"和"田园风光"行中依次选中 Photo (6).jpg 和 Photo (9).jpg 图片。

6. 为SmartArt对象添加自左至右的"擦除"进入动画效果，并要求在幻灯片放映时该SmartArt对象元素可以逐个显示。

(1) 选中SmartArt对象元素，单击"动画"选项卡下"动画"组中的"擦除"按钮。
(2) 单击"动画"选项卡下"动画"组中的"效果选项"按钮。在弹出的下拉列表中，依次选中"自左侧"和"逐个"命令。

7. 在SmartArt对象元素中添加幻灯片跳转链接，使得单击"湖光春色"标注形状可跳转至第3张幻灯片，单击"冰消雪融"标注形状可跳转至第4张幻灯片，单击"田园风光"标注形状可跳转至第5张幻灯片。

(1) 选中SmartArt中的"湖光春色"，单击鼠标右键，在弹出的快捷菜单中选择"超链接"命令，即可弹出"插入超链接"对话框。在"链接到"组中选择"本文档中的位置"命令后选择"幻灯片3"。最后单击"确定"按钮即可。
(2) 选中SmartArt中的"冰消雪融"，单击鼠标右键，在弹出的快捷菜单中选择"超链接"命令，即可弹出"插入超链接"对话框。在"链接到"组中选择"本文档中的位置"命令后选择"幻灯片4"。最后单击"确定"按钮即可。
(3) 选中SmartArt中的"田园风光"，单击鼠标右键，在弹出的快捷菜单中选择"超链接"命令，即可弹出"插入超链接"对话框。在"链接到"组中选择"本文档中的位置"命令后选择"幻灯片5"。最后单击"确定"按钮即可。

8. 将考试文件夹中的"ELPHRG01.wav"声音文件作为该相册的背景音乐，并在幻片放映时即开始播放。

(1) 选中第一张主题幻灯片,单击"插入"选项卡下"媒体"组中的"音频"按钮。

(2) 在弹出的"插入音频"对话框中选中"ELPHRG01.wav"音频文件。最后单击"确定"按钮即可。

(3) 选中音频的小喇叭图标,在"播放"选项卡的"音频选项"组中,勾选"循环播放,直到停止"和"播放返回开头"复选框,在"开始"下拉列表框中选择"自动"。

9. 将该相册保存为"PowerPoint.pptx"文件。

(1) 单击"文件"选项卡下的"保存"按钮。

(2) 在弹出的"另存为"对话框中,在"文件名"下拉列表框中输"PowerPoint.pptx"。最后单击"保存"按钮即可。

参 考 文 献

[1] 冯博琴. 大学计算机基础经典实验案例集. 北京：高等教育出版社，2012.
[2] 冉崇善，白永祥. 大学计算机基础教程上机实习指导与案例分析. 西安：西安电子科技大学出版社，2015.
[3] 蒋加伏，沈岳. 大学计算机实践教程. 4 版. 北京：北京邮电大学出版社，2013.
[4] 王爱华，王轶凤，吕凤顺. HTML+CSS+JavaScript 网页制作简明教程. 北京：清华大学出版社，2014.
[5] HTML CSS JavaScript 标准教程实例版. 5 版. 北京：电子工业出版社，2014.
[6] 谢希仁. 计算机网络. 6 版. 北京：电子工业出版社. 2013.
[7] 乔保军，赵君韬，梁硕敏，等. 中文版 Adobe Photoshop 教程. 北京：清华大学出版社，2012.
[8] 李淑华. 平面动画制作 Flash. 北京：高等教育出版社，2013.